高等职业教育建筑设计类专业“十三五”规划教材

中国古建筑设计简史

主　编　吴远征
副主编　宋培培
参　编　张　媛
王　丹

机械工业出版社

本书为高等职业教育建筑设计类专业“十三五”规划教材。全书结合专业特点，依照建筑专业对建筑设计史的要求，精选了建筑概况、室内空间和室内设计、家具及陈设等内容，形成简练而相对完整的教学体系。

本书简要系统地叙述了我国古代建筑室内设计的发展和成就，并引证了大量的文献资料和实物记录。主要内容包括：中国建筑室内设计的主要历程，中国传统建筑室内设计的基本特征，各主要历史时期中国室内设计的形成、发展、风格特点，室内陈设与家具等。本书根据高职高专中国建筑设计史课程的教学基本要求而编写，适合高职高专院校建筑设计专业、室内艺术设计专业及从事室内设计人员使用。

为方便教学，本书配有电子课件，凡使用本书作为教材的教师可登录机械工业出版社教育服务网 www.cmpedu.com 免费注册下载。

图书在版编目（CIP）数据

中国古建筑设计简史 / 吴远征主编 . —北京：机械工业出版社，2018.4
高等职业教育建筑设计类专业“十三五”规划教材
ISBN 978-7-111-59533-5

Ⅰ. ①中… Ⅱ. ①吴… Ⅲ. ①古建筑 – 建筑设计 – 建筑史 – 中国 – 高等职业教育 – 教材 Ⅳ. ① TU2-092

中国版本图书馆 CIP 数据核字（2018）第 062175 号

机械工业出版社（北京市百万庄大街 22 号 邮政编码 100037）
策划编辑：常金锋 责任编辑：常金锋 郭克学
责任校对：王 欣 封面设计：鞠 杨
责任印制：常天培
北京联兴盛业印刷股份有限公司印刷
2018 年 6 月第 1 版第 1 次印刷
210mm × 285mm · 7.5 印张 · 112 千字
0001—2000 册
标准书号：ISBN 978-7-111-59533-5
定价：49.00 元

凡购本书，如有缺页、倒页、脱页，由本社发行部调换

电话服务
服务咨询热线：010-88379833
读者购书热线：010-88379649

网络服务
机 工 官 网：www.cmpbook.com
机 工 官 博：weibo.com/cmp1952
教育服务网：www.cmpedu.com
金 书 网：www.golden-book.com

中国悠久的历史创造了灿烂的古代文化，而古建筑便是其重要组成部分。中国古代涌现出许多建筑大师和建筑杰作，营造了许多传世的宫殿、陵墓、庙宇、园林、民宅等。自建筑的出现，室内的发展即同时产生，所以研究室内设计史就是研究建筑史。中国室内设计史研究以社会的宏观环境为依托，以建筑学科的系统理论为基础，以人类的生存方式为参考，同时结合其他相关领域的研究成果，先以事件发生的时间前后为顺序，对中国建筑室内设计的发展历程和丰富内容进行分析，归纳并总结中国古代室内设计发展的经验，展现中国建筑室内设计的历史。

艺术创造不能完全脱离以往的传统基础而独立。学习和研究中国建筑室内设计史要分析中国建筑室内设计的形成、发展、风格特点等，因此本书在介绍每个时代的建筑室内设计时，首先介绍了时代背景和建筑概况，目的是要进一步让读者了解此时期建筑设计的特征，室内陈设与家具设计的艺术特点等。

本书在编写过程中引用了相关的文献和图片资料，在此向相关作者表示衷心感谢。同时，本书的编写及出版得到了机械工业出版社的大力支持，在此谨致诚挚的谢意。

由于编者水平有限，本书不足之处在所难免，望广大专家、读者批评指正。

编　者

前言

第 1 章 原始社会时期

1.1 原始人的建筑遗址

中国这片广袤的土地，曾经孕育了世界上最早的文明之一，而华夏文化在进入文明之前，就经历过数十万年的史前阶段。在我国旧石器时代初期，原始人群曾把天然崖洞作为居住处所，天然洞穴是当时被利用作为住所的一种较普遍的方式。目前已知最早的人类住所是北京猿人居住的岩洞。而且，原始人群居住的天然洞穴在辽宁、贵州、广东、湖北、浙江等地也有发现。新石器时代，黄河中游的氏族部落在以黄土层为壁体的土穴上，用木架和草泥建造简单的穴居和浅穴居，逐步发展为地面上的房屋，形成聚落。

我国古代文献曾记载有巢居的传说。大约六七千年前，我国广大地区都已进入氏族社会，已经发现的遗址数以千计。由于各地气候、地理、材料等条件的不同，营建方式也多种多样，其中有代表性的房屋遗址主要有两种：一种是长江流域多水地区所见的干阑式建筑，另一种是黄河流域的木骨泥墙房屋。

浙江余姚河姆渡村是我国已知的最早采用榫卯技术构筑木结构房屋的一个实例。木构件遗物有柱、梁、枋、板等，许多构件上都带有榫卯，有的构件还有多处榫卯。榫头种类有方榫、圆榫、双层榫等，卯眼有圆有方。根据出土的生产工具来推测，这些榫卯是用骨器和石器来加工的。

中国的木构架建筑远在原始社会末期就已经开始萌芽，然而原始社会建筑技术发展是极其缓慢的。

1.2 室内空间

室内设计的起源最早可以追溯到原始社会。旧石器时代人们居住的主要是穴居室内。穴居室内有洞穴式室内、地穴式室内和巢穴式室内之分。其中半地穴式房屋是指在地面挖一浅坑，深度约1米，然后以地坑为主，从地坑平面立柱，超出地面部分搭一窝棚，将整个空间封闭的住宅。

在我国古代文献中，曾记载有巢居的传说，如《韩非子·五蠹》记载："上古之世，人民少而禽兽众，人民不胜禽兽虫蛇，有圣人作，构木为巢，以避群害。"《孟子·滕文公》记载："下者为巢，上者为营窟。"因此有人推测，巢居也可能是地势低洼潮湿而多虫蛇的地区采用过的一种原始居住方式。地势高亢地区则营造穴居（图1-1）。

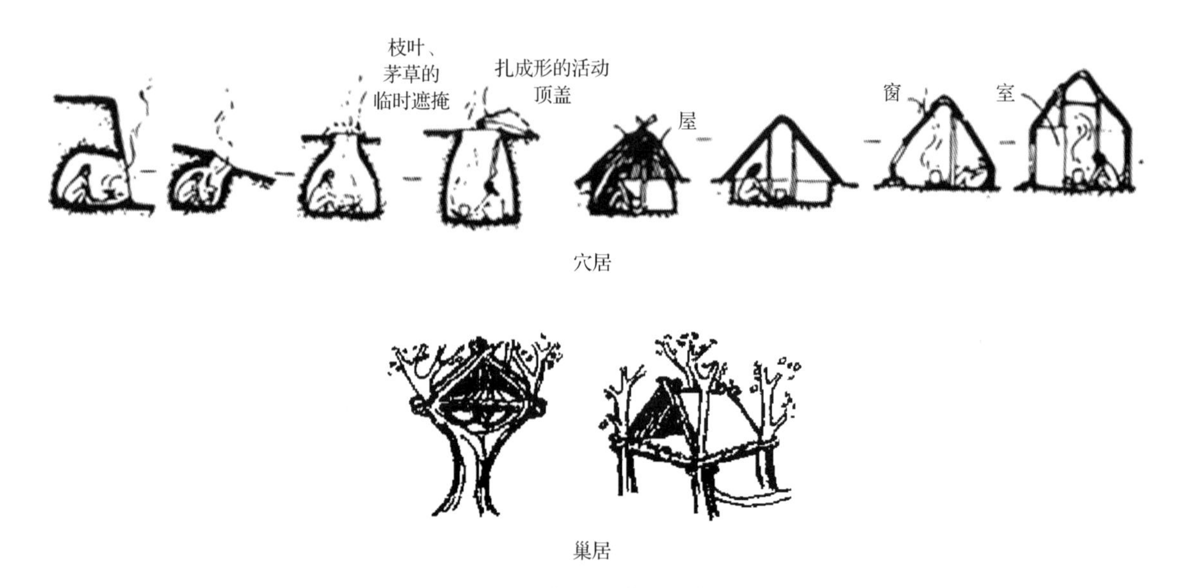

图1-1　穴居和巢居的发展

这一时期的室内平面型制以方形和圆形为主。原始社会早期，磁山文化的半穴居中，室内纯粹以圆形为平面形状。遗址中有大量的圆形或椭圆形房屋基址，面积一般为6～7平方米。原始社会中期，如大溪文化、裴李岗文化、马家窑文化和仰韶文化中的室内平面，圆形和方形兼而有之。马家窑文化的室内平面有方形、圆形和分间三类（图1-2）。

原始社会最初的住宅是单间结构，其面积也较小。马家窑文化时期的室内设计中，其建筑型制为大型分间式（图1-3），室内空间的组织形式大致分为里面隔成几间、里外套间式、各间分别开门通向户外三种。

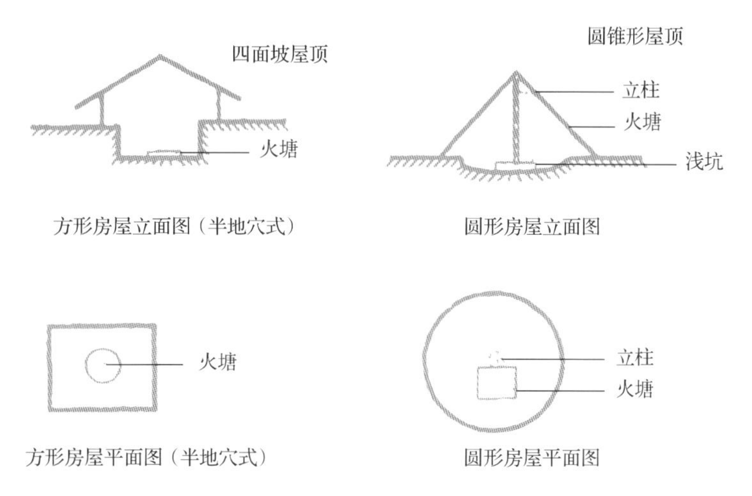

图 1-2　马家窑文化中的室内方形、圆形平面

原始社会室内空间的平面布局中，火塘（或灶坑）占有相当重要的地位。仰韶文化时期室内空间房门都是南面朝向，一进门两边是很低的两道隔墙，房屋中间是一个烧火的灶坑。大溪文化时期的室内有用土埂建成的火塘（或灶坑），火塘旁立有支撑屋顶的立柱，屋顶的材料为植物茎秆、竹片和含有少量稻壳（或稻草末）的黏土；室外有红烧土散水，并且较多使用竹材建房。

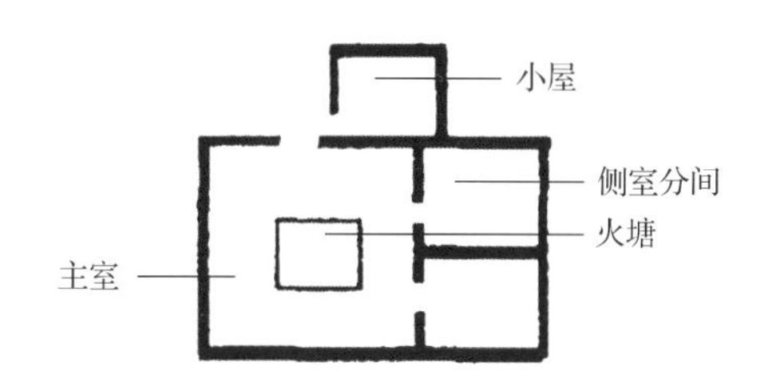

图 1-3　马家窑文化时期地面建筑的分间式平面

至今，在一些少数民族的居住室内还能看到这种形式的残存。如在西藏的民居内，面积最大的居室往往是火塘所在的起居室，其装饰也最为富丽，彩绘、纹饰多歌颂丰衣足食的生活，有牛头、鱼纹、蝎子等图纹，陈设布置也都围绕火塘进行。

在原始社会许多文化时期的建筑考古遗迹中，均发现有柱洞，其位置大致有两类：一类是布置在四角及平面的边缘，柱子作为墙体的木骨而存在，和黏土、网状篱笆等建筑材料共同作用，形成墙体；另一类的木柱居于室内平面的中间部分，与火塘紧邻，主要用于支撑屋顶。有由一根木柱撑起的圆锥屋顶，也有由多根木柱撑起的坡面屋顶、小面坡屋顶。柱子在室内作为承重结构的应用，开创了后来木柱结构的中国古典建筑木房屋体系的原始框架。室内的柱式及室内木结构，最具代表性的有磁山文化时期、仰韶文化时期（图 1-4）、河姆渡文化

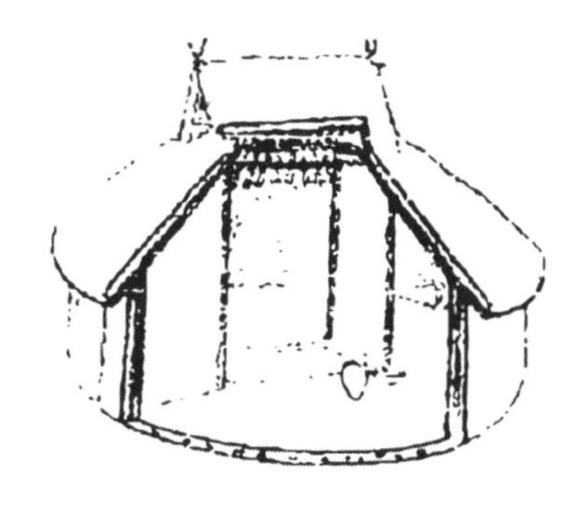

图 1-4　仰韶文化时期的住宅

时期的住宅。磁山文化时期的室内空间以半地穴式室内空间为主，属于单间窝棚，用柱子支撑，可通过门道处的两级台阶进入下方的居住面，窝棚开有门洞，经推测复原后，其立面如图 1-5 所示。

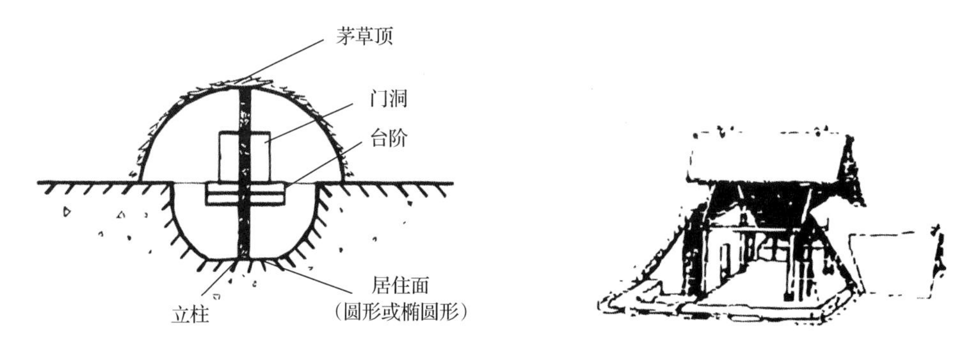

图 1-5　磁山文化时期的半穴居

河姆渡文化时期的室内空间以木结构空间为主，是木结构的干阑式建筑，下层用柱子架空，上层作居住用。由于其地处江南多水地区，因此采用高床的建筑手法进行防潮处理。河姆渡文化的宗教中是崇鸟的，反映到建筑的外型特色上则为“长脊、短檐、高床”，屋面形似展翅的大鸟（图 1-6）。

图 1-6　河姆渡文化时期的建筑

1.3　陈设和家具

原始社会时期，室内陈设是非常简陋的。在距今 7000 年左右的浙江河姆渡文化遗址中发现，多数木结构结合的方式已采用了比较先进的燕尾榫、带销钉孔的榫、端榫，以及两侧向里刳出规整凹凸嵌槽的企口板等（图 1-7）。这些先进的榫卯工艺的出现，使木制构件的结合更加成熟稳固，从而为木器家具的发展提供了必要的技术条件。

1978 年，在浙江余姚河姆渡文化遗址出土了迄今发现的最早的漆制品（图 1-8），包括漆木碗、漆木筒和漆绘陶片等。同时，在江苏常州圩墩遗址等处也有发现。建筑和木器加工技术，加上相应的髹漆、彩绘工艺等，为原始漆木家具的产生和发展奠定了基础。到新石器时代中晚期阶段，类似于箱、案类的漆木、彩绘家具相继发展起来。它们与当时所流行的各类陶器和编制席褥等一起，共同组成了史前家具的基本陈设。席是我国古老的坐具，以编织技术为基础。目前发现的编制席物以浙江余姚河姆渡文化遗址为最早。

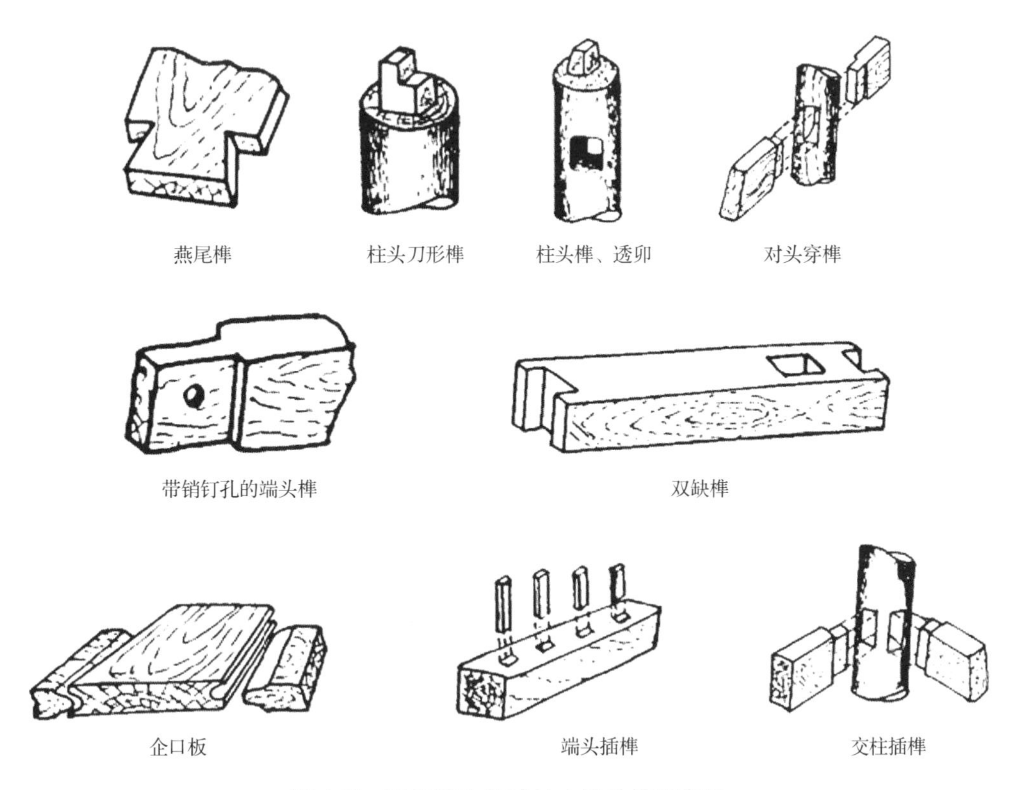

图 1-7 河姆渡文化遗址木构件榫卯类型

目前已知中国最早的陶器出土于黄河流域新石器时代早期的裴李岗文化遗址和磁山文化遗址，据碳十四测定，距今约 8000 年。此外，江西万年仙人洞遗址出土的陶片，距今约 7000 年；长江下游新石器时代早期的河姆渡文化遗址出土的陶器距今约 6000 年。新石器时代早期各个文化遗址出土的这些陶器，在制作工艺、造型、装饰等方面都存在明显的差异，说明它们是由不同地区的原始先民在各自的生产、生活实践中独立发展而来的。

图 1-8 朱漆碗 河姆渡文化 河姆渡出土

发展到仰韶文化时期，产生了原始农业和原始纺织业，在全国各地的原始文化遗址中均出现了大量骨针、骨锥、陶制纺轮、石质纺轮等缝纫、纺织工具，并有纺织品残片印痕存留于出土陶器上。直到原始腰织机的出现，使人类学会使用葛、麻植物纤维从事纺织活动，形成了早期纺织技术，进而出现丝织物。从考古遗址的证据来看，葛、麻的种植、纺织活动在新石器时期已经非常普及，甘肃、陕西、浙江、河南等地均有早期织物生产的证据。西安半坡仰韶文化遗址出土的100多件带有织物印痕的陶器中，已经有了平纹、斜纹、绞扭织法。1972年，江苏吴县草鞋山新石器时期遗址中出土了纬线起花的葛布残片，花纹为菱形、山形，并有罗边组织，表明早在六七千年前我国就产生了原始织机。距今5000年的山西西阴村新石器时期遗址中出土了蚕茧，浙江钱山漾遗址中出现了大约4700年前的蚕丝制品。另一方面，生活在牧区的人们开始发明了毛织技术，以羊毛或兽毛进行纺织加工。

新石器时期有了用竹、藤、柳条和草作为材料刻制和编制的日用器皿。河姆渡文化遗址出土的纺轮、两端削有缺口的卷布棍、梭形器和机刀等，据推测这些可能属于原始织布机附件，表明新石器时期人们已由手工编织发明了原始的机械。在半坡和庙底沟、三里桥等新石器时期遗址出土的陶器底面上，都曾发现印有十字纹、人字纹编织物的印痕，清楚地显示出是由篾席印模上去的，有的还发现陶钵的底部黏附有篾席的残竹片。这些编织物比陶器的起源更早，并且工艺简单、易于制作，所以在当时数量应该非常可观。

第2章 奴隶社会时期

2.1 建筑概况

夏、商、周时期社会生产力的发展、商品交换的繁荣以及阶级对立的产生促使了城市的出现与发展。建筑方面，商朝已经有较成熟的夯土技术，其后期建造了规模相当大的宫室和陵墓。这一时期整体规划尚不成熟，建筑格局分布处于分散状态，有大片闲空地段相隔。西周以后，春秋时期城壁用夯土筑造，宫室多建在夯土台上，统治阶级营造了很多以宫室为中心的大小城市。木构架经商、周以来的不断改进，已成为中国建筑的主要结构方式。

在奴隶社会中，大量的奴隶劳动力和青铜工具的使用，使建筑有了巨大发展，出现了宏伟的都城、宫殿、宗庙、陵墓等建筑。这些以夯土墙和木构架为主体的建筑已初步形成，但前期在技术上和艺术上仍未脱离原始状态，到后期才出现了瓦屋彩绘的豪华宫殿。

2.1.1 城市建设

商代城市遗址主要有早期的郑州商城、偃师商城、湖北盘龙商城，以及后期的安阳殷墟商城。商代早期城市遗址中以郑州商城规模最大，城墙遗址环绕7千米，有大量夯土台基，被推测为早期宫殿、庙宇遗址。城外有酿酒、制陶、冶铜等手工艺作坊，以及奴隶居住的半穴居窝棚。

周代城市规划较商代有了进一步发展，根据宗法分封制推行严格的城市建设等级制度，对城市建设的面积、城墙高度、道路宽度、重要建筑都有严格规定，不得越礼。目前发现的周代城市遗址有洛阳东周都城，西周都城尚在探索之中。春秋时期，奴隶制度走向衰落，各地诸侯国兴起，战乱不断，以夯土筑城成为一项重要的防御工程，推动了城市建设大发展；城市建设产生了全新的变化，进入“里坊制”确立期，经战国一直延续到汉代。

2.1.2 宫殿

夏朝随着酋邦政治乃至王权的逐渐发展成熟，出现了宫殿建筑，成了当时贵族和王室居住及进行政治活动的场所。宫殿的室内空间也伴随着宫殿建筑而产生。夏、商代宫殿建筑尚处于“茅茨土阶”阶段，建筑方式原始。一般将宫殿建于低矮的夯土台上，呈南北窄、东西宽的长方形平面布局，木骨泥墙，并列分布多个房间，以素土为台阶，屋顶盖茅草。

河南偃师二里头的商朝宫殿遗址是一座建于夯土台基之上、坐北朝南的大型木结构建筑。宫殿整体造型沿用了原始社会后期出现的台基式模式，还出现了附属建筑门、回廊及庭院空间。屋顶形式为重檐庑殿顶，室内为木骨架结构，外部用茅草覆盖（图 2-1）。

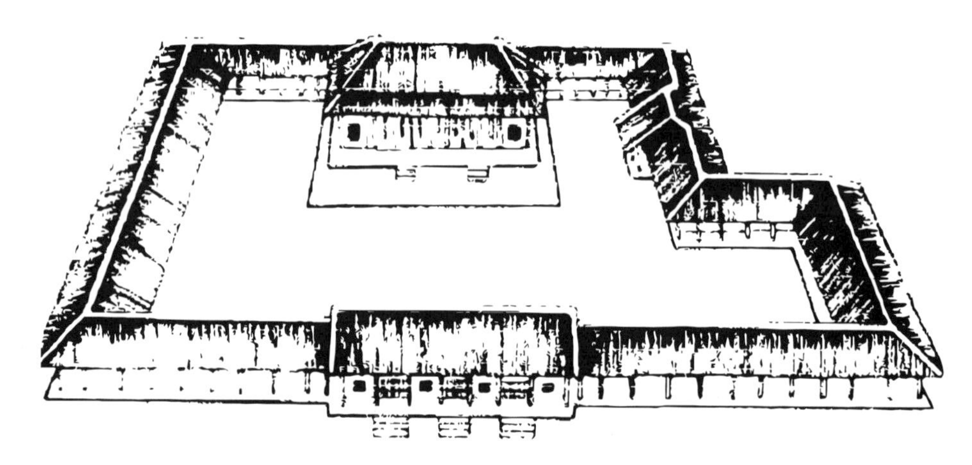

图 2-1　二里头遗址：一号宫殿基址建筑复原图

在湖北省武汉市黄陂盘龙城，发现了另一座商城遗址，其规模比郑州商城小得多，面积约为 1.1 平方公里。城内东北隅有大面积的夯土台基，上列三座平行布置的建筑，据推测可能是商朝某一诸侯国的宫殿遗址。在建筑主体以外另加一圈回廊，一般应用于较隆重的建筑，如大殿等。这种建筑形式在后世宋朝的《营造法式》中被称为“副阶周匝”，而它最早出现在夏朝，是以回廊形式的虚空间面世的。图 2-2 所示为商朝的盘龙城。

图 2-2 商朝的盘龙城 副阶周匝式

西周时期，形成了较为完整的院落组合。在周礼严格规定下仅天子有权建城，并对筑城规模加以等级划分，对城墙高度、街道宽度、重要建筑都加以规定。同时，形成了“三朝五门”的宫殿布局原则。这一时期，建筑的夯土台更加高大。在建筑工艺上，“瓦”的使用成为一大进步，解决了房屋漏水的问题，脱离了以茅草为屋顶的简陋形式。

陕西岐山凤雏村的早周遗址，是一座相当严整的四合院式建筑，由二进院落组成，室内平面在中轴线上展开，有多重空间，并基本为对称式布局，平面功能划分上有影壁、大门、前堂、后室。前堂与后室之间用柱廊连接，门、堂、室的两侧为通长的厢房，并围合出庭院这一闭合空间，庭院四周还有檐廊环绕。其中，影壁和大门构成类似今天的玄关空间；堂相当于今天的客厅，与庭院一起构成活动空间；室与厢房为居住空间；檐廊专为建筑室内道路流线设计（图 2-3）。

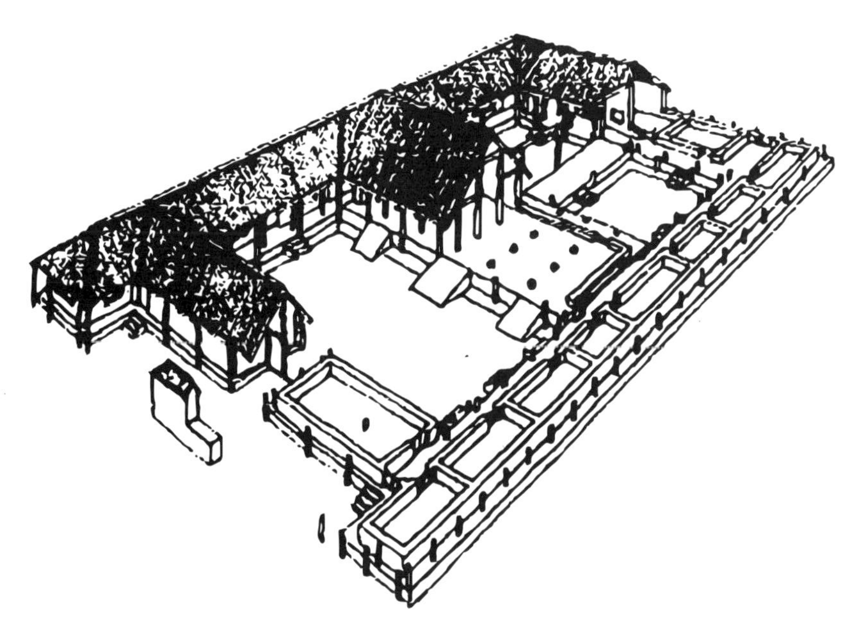

图 2-3 陕西岐山宫殿复原图

2.2 建筑装饰和室内空间

夏商与西周的建筑多是宫殿建筑，可以分为台基、屋身和顶层三大部分。这是传统中国建筑的一个重要特征，后来的建筑依然保留着这种形态，只是更加完善和成熟。

2.2.1 室内平面

这一时期的宗庙建筑、宫殿建筑、民居的地面建筑中，室内平面形状多为方形，如召陈王宫的明堂平面就是由“中央太室”和“四旁两夹”组成的矩形平面。这一时期宫殿建筑以“台基建筑”为特点，其基座“台”在古代为“方形”，由于基座是方形，其室内平面也相应多为方形。在陕西岐山凤雏村的早周遗址中，民居建筑的东厢、西厢均为方形分间，塾、前堂、后室的室内平面也为方形。半地穴式的平民房屋中，平面形状则既有长方形，又有圆形和瓢形。总体来说，周朝室内平面形状以方形为主。

2.2.2 室内地面

地面建筑多带有台基，因此室内地面大多比地平面要高，宫殿及一些士大夫的居住室内还出现了地台。据《周礼》记载，此时室内有台，供起居活动，可见这一时期室内出现了错层，室内有阶级形踏步。陕西岐山凤雏村周原建筑遗址中就有土坯踏步，并且周代室内木柱大多为圆形断面，下端埋于土中，然后用土填塞柱穴，再予夯实。晚周时期出现了铺地砖，如陕西扶风出土的铺地砖尺寸约为 50cm×50cm，底面四角各有半个乒乓球大小的凸起。春秋战国时期的地砖，底面四边有凸楞，正面有米字纹、绳纹、回纹等，边长尺寸为 35 ～ 45cm，如在陕西凤翔秦雍城遗址中，就出土了 36cm×36cm 的砖以及质地坚硬、表面有花纹的空心砖，两者均为青灰色。

2.2.3 室内墙面

周朝建筑的室内墙面有土墙、木墙、石墙三种形式，其中土墙占绝大多数。民居的地面建筑多用夯筑的土墙，高约 2m，在陕西岐山早周建筑中就可以看到这种夯土墙的遗存。它是以木板作模，其中置土，再以杵分层捣实，所以又称为“版筑”。一般用黏土或灰土，也有用土、砂、石灰加碎石或植物枝条的。宗庙建筑中，其墙面有木墙，也有石墙和土墙，值得一提的是其墙面已有壁画装饰。宫廷、宗庙的室内墙面注重修饰，有的以“白墙红柱”装饰，木柱及木材以漆来涂设，既可以防腐，又可以美化墙面；也有的以青铜构件装饰建筑物墙裙；还有的用木制菱形构件及其他形式的构件来装饰墙面。

2.2.4　门窗设计

在民居建筑中，窗主要有十字孔的式样，其他如宗庙、宫殿建筑中，据推测复原，估计有方格、网格、直棂等形式。门主要有菱格格心木格扇门、一码三箭格心阴刻木格扇门、帷门、版门，以及周代铜器方鬲上显示的棋盘门、镜面版门等。

战国漆器上的门窗式样，如图 2-4 所示。窗的式样有两种：一种是高窗，位于梁以上的部位，为斜方格窗，是槛窗的前身；另一种则是类似于今天的落地式窗，由四个长方格组成，每个长方格中间又有一小长方格，与四角斜交。门则多用版门。

图 2-4　战国漆器上的门窗形象

2.2.5　室内梁架

室内梁架大概有两种，一种是草顶梁架，另一种是瓦顶梁架。《周礼・考工记》中记载：“匠人为沟恤，葺屋三分，瓦屋四分。”其中，“葺屋”指的是用茅草做的屋顶，“瓦屋”指的是用瓦片做的屋顶，三分、四分均指不同的坡度，这表明至少在战国时期就已对草顶和瓦顶规定了不同的坡度，而坡度之所以形成，是因为室内由梁架支撑，从而构成一定的坡度。

2.2.6　室内建筑材料

这一时期室内常用的建筑材料有夯筑土、三合土、石、木、泥、屋灰、茅草等。

夯筑土、三合土主要用于墙体和地面，作为主要建筑材料；木材则用于室内柱和墙内木骨架及屋顶结构构架；泥和屋灰用于墙面粉刷；茅草多用于屋顶。这一时期虽已出现瓦，但并未得以大量运用，且这一时期室内顶棚还比较简陋，所以茅草在室内为可见状态，也被归于室内建筑材料一类。

2.3 家具

夏、商时期尚未有发达的漆木家具。但是，这一时期建筑、冶铸、玉石加工和装饰工艺等方面都取得了重大发展，漆木家具的制作技术和发展条件也都已具备，因而出现了家具的雏形。在河南殷墟侯家庄商王大墓及其他殷墟大中型墓葬中，就曾先后发现有大型漆木鼓、磬陈设、漆木俎、抬舆等。漆木家具已普遍采用榫卯工艺，运用髹漆、彩绘、雕刻、镶嵌等装饰工艺，或是各种工艺综合运用，展现了3000多年前商代漆器制作的高超技艺。

图 2-5　青铜板式俎　辽宁义县出土　商代

商朝是我国青铜工艺发展的极盛时期，创造了辉耀人间的青铜文化，其中很多用具已具有木器家具的雏形。从商代甲骨文及青铜器中可知，室内的家具有床、案、俎（图 2-5）、禁（图 2-6）。人们生活席地而坐，所以家具的体量较低矮。周朝时已有床、俎、禁、几、席、屏风等，其中，俎是桌案的原形，禁是箱柜的原形，几是凭几，这些家具的布置都有一定的讲究，在《礼记》中可以找到相关依据。这一时期室内还多用帐幔装饰，如在《周礼·天官冢宰》中记载："幕人掌帷、幕、幄、帟、绶之事。"河南淅川下寺出土的春秋楚墓的云纹青铜禁（图 2-7），器身以粗细不同的铜梗支撑多层镂空云纹，十二只龙形异兽攀缘于禁的四周，另十二只蹲于禁下为足。这是我国迄今为止发现的整

图 2-6　夔纹铜禁　陕西宝鸡斗鸡台戴家沟出土　西周时期

图 2-7　云纹青铜禁　河南淅川下寺出土　春秋时期

体采用失蜡法（熔模工艺）铸就的最早的青铜器，其工艺精湛复杂，令人叹为观止。

西周至春秋时期是铜制家具迅速发展且漆木家具逐渐兴起的阶段。青铜家具在这一时期仍相当流行，品种更加丰富、齐全；同时，漆木家具也大量出现，在西周、春秋时期的墓葬中都有发现，如陕西长安张家坡 115 号墓中出土的一件西周时期的嵌蚌饰漆俎，其造型雅致，做工精美，是商周时期北方漆木家具的重要代表（图 2-8）。

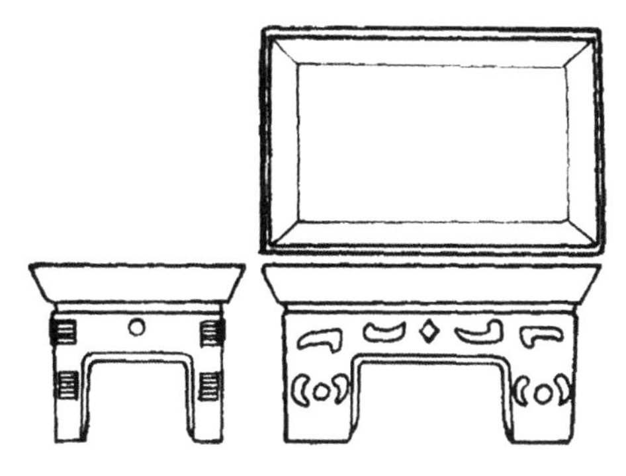

图 2-8　张家坡西周漆俎

2.4　陈设

夏、商、西周及春秋时期，制陶工艺取得了比较普遍的发展。首先，当时普遍采用轮制和模制成型技术，如陶拍、陶杵、套印模等工具广泛使用，器型规整、匀称程度较以前有所提高。其次，窑炉结构更趋合理，通过对这一时期窑址残片的分析显示，烧结程度一般比较充分，烧制温度在 1200℃左右，已达到烧制瓷器的要求。再次，在烧制白陶和几何印纹硬陶的实践中，通过不断改进坯料选择与配比发现了一种非常接近瓷土的胎料，为瓷器的出现奠定了基础。最后，在追求器物表面光滑、细腻质感的探索中发现了瓷器的另一个关键因素——釉。这些技术上的进步都说明当时已经初步具备了烧制瓷器的各项条件。

商代的雕刻工艺十分发达，有石雕、玉雕、牙骨雕等。商代石器主要为实用工具，也有些石雕的陈设品、日用品及乐器。商代玉器，包括礼器、日用器、佩饰品、兵器和工具等，用料有黄玉、绿松石、孔雀石、玛瑙等。殷墟妇好墓出土的玉器，与商代青铜器、甲骨文一样有极高的艺术价值和史学价值。殷商玉器所取得的巨大成就，为其后的两周、汉唐玉器的辉煌发展奠定了基础。

牙骨雕刻工艺、漆工艺也都有了很大的发展，具有新的时代特征。商、周时期的漆工艺，多与其他器具组合，漆绘、镶嵌等技艺已具有相当高的水平，属于中国漆器工艺的奠基时期。湖北黄陂盘龙城商代中期遗址中，发现有一面雕花、一面涂朱的木椁板印痕，纹饰优美。河北藁城台西商代遗址中出土的原髹于木盒、盘等器物上的残漆片多以薄板为胎，涂朱髹漆后，再绘朱红纹饰；有的在木胎上雕出饕餮纹等纹饰，再涂朱髹漆，纹饰的眼部镶嵌绿松石，还有的贴錾花金箔。纹饰有饕餮纹、夔纹、云雷纹、圆点、焦叶纹、人字纹等，漆面乌亮，表明当时在晒漆、兑色、髹漆等方面已掌握了较熟练的技艺。此外，在河南安阳侯家庄商代王陵中发现的漆绘雕花木器上，还有蚌壳、蚌泡和玉石等镶嵌物品。春秋时期，漆器的生产制作发生了根本性的变化，漆器开始脱离礼器的功能而向实用方向发展。春秋晚期精美的髹饰彩绘的漆几、漆案、漆俎、漆鼓、漆瑟、漆戈柄、漆镇墓兽等，都有实物出土。

我国是最早发明养蚕、缫丝、丝织工艺的国家，其历史久远，在新石器时期的考古遗址中便发现了丝织品和蚕茧。据文献记载，夏朝养蚕业逐渐成熟，开始脱离了利用野生蚕为主要材料来源的状况，进入桑叶喂养的室内养蚕阶段，养蚕业成为一项专门副业。此时，手工业已经从农业中分离出来，手工业内部有了明确的行业分工和专业技术分工，丝麻纺织业产生并得到发展。商代丝织技术逐渐成熟，平纹绢帛、提花技术、斜纹织花都得到了发展。从河南安阳、河北藁城墓葬中出土的文物来看，其基本工艺为平纹底起斜花，有回纹、菱形纹、方形纹；从丝织工艺来看，当时已产生了小提花工艺，能够织成暗花图案。西周时期，农业成为主要生产部门，养蚕业、丝织业主要集中于黄河流域，桑、麻、染料作物种植广泛，纺织业成为重要生产部门和主要财政来源。西周丝织品种类有所增加，主要包括罗、帛、丝、绫、绢、绮、纨等，提花与刺绣工艺进一步成熟。春秋时期《诗经》中多次出现与刺绣有关的记载，如“素衣朱绣”“衮衣绣裳”“黻衣绣裳”等。商、周时期出土的刺绣实物十分稀少，以陕西宝鸡茹家庄西周墓出土的辫子股刺绣印痕为代表。花纹以链环状针法绣制，又称“锁绣”，先以单线绣出轮廓，再用双线在局部进行装饰，针脚均匀整齐，线条流畅；又以石黄、朱砂进行涂绘，采用了画绣结合的手法。

在商代，发现有规模较大的牙骨作坊，在这里用动物的骨、角、牙等制作成各类的工具、日用品和装饰品等。

商代至汉代初期是金银工艺的发展初期，没有形成规模。战国以前出现的金银器，造型极为简单，迄今发现的商、周时期的黄金器物不多，但从一些遗物来看，商代的金器工艺已有较高的水准。

第3章 战国秦汉时期

3.1 建筑概况

战国、秦汉时期，以大量台榭为建筑特色。瓦的使用更加普及，装饰纹样更加丰富，同时出现空心砖用于墓葬之中。随着游猎活动的流行，台的修建较为常见，以夯垒为之，上建台榭，供登高远眺。战国、秦汉时期的建筑工艺主要集中于瓦、砖石、夯土、木架结构等方面。战国时期青瓦的使用已十分普遍，砖石已开始得到应用。发展到秦汉两代，瓦当的装饰性更富于变化，砖石更广泛地用于墓室建筑，并由梁式结构发展为拱券结构。东汉时期，出现了全用砖石建造的石祠。房屋建筑中，砖石多用于建台基或铺地。夯土广泛运用于宫殿台基、墙壁、墩台、城墙、城门等，大型夯土结构还会在土中以横木加固。

秦汉时期木架结构已较为成熟，至东汉时期多层建筑大量产生。抬梁式、穿斗式及南方地区的干阑式都是当时典型的房屋结构形式，形成了庑殿顶、悬山顶、囤顶、攒尖顶、歇山顶五种屋顶形式。东汉时期已大量使用成组的斗栱，广泛运用斗栱结构，承托屋檐、平坐，以一斗二升最为普遍，一斗三升次之（图 3-1）。木构楼阁逐步增多，砖石建筑也发展起来，砖券结构有了较大发展。

战国、秦汉时期因城市规模扩大，宫殿、陵墓建设需求增加，大量生产和使用建筑用陶。建筑用陶在夏、商、西周及春秋时期就已出现，到战国时期生产规模迅速扩大，建筑所用的各种管、砖、瓦等种类都已基本具备。秦汉时期的建筑用陶在战国时期的基础上又有所发展，除了烧制技术上有所进步外，在砖、瓦的装饰方面也取得了很高的艺术成就。具有代表性的是画像砖和瓦当。

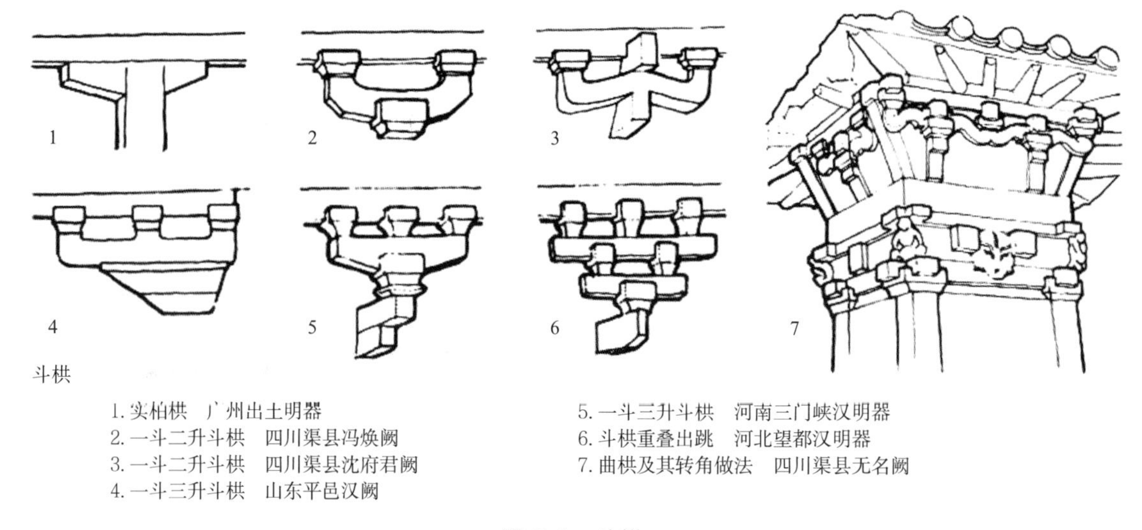

1. 实柏栱　广州出土明器
2. 一斗二升斗栱　四川渠县冯焕阙
3. 一斗二升斗栱　四川渠县沈府君阙
4. 一斗三升斗栱　山东平邑汉阙
5. 一斗三升斗栱　河南三门峡汉明器
6. 斗栱重叠出跳　河北望都汉明器
7. 曲栱及其转角做法　四川渠县无名阙

图 3-1　斗栱

3.1.1　城市建设

战国时期，手工业、商业的发展促使城市规模比以前扩大，并出现了砖和彩画。中国最早的一部工程技术专著《考工记》中，反映出春秋战国时期的许多重要建筑制度。为加强防御，各城市都筑有坚固的城墙，并修建城壕。燕国的下都和赵国的邯郸是现存规模较为完整的大型城市遗址。

秦代建立了统一的中央集权的封建王朝，修建了规模空前的宫殿、陵墓、长城、驰道和水利工程等。秦代首都咸阳始建于战国中期，咸阳宫南临渭水，北至泾水。秦统一六国后在渭水南岸建了大量宫殿，修骊山陵墓，规模宏大。咸阳城规划科学，功能局域划分明显。

中国古建筑的基本特征在汉代有了初步轮廓，见于文献的记述十分丰富，但实物遗存很少，仅有墓室、明器、墓阙、石刻可供参考。西汉都城长安位于西安渭水南岸，南高北低，在秦朝兴乐宫的基础上改造而成。

东汉都城洛阳建于东周都城旧址，北靠邙山，南临洛河，在秦、西汉时期建有宫殿，后为曹魏、西晋、北魏都城。东汉洛阳城建南北二宫于都城纵轴线上，分别位于洛阳城南北，中间距离为 7 里（1 里 = 500m），后在北宫以北扩建苑囿。南北二宫布局形成了我国古代都城以宫城为主体的建筑思想，但两宫间仅以复道相连，交通不便，致使都城划分为南北两部分（图 3-2）。

3.1.2　宫殿建筑

秦汉时期，宫殿建筑体现出皇权至上的思想，迎合物质享受及政治需求，建筑成为国家权力的象征；又因神仙思想的盛行，使得祭祀天地、祖先的礼仪制度得以完善，并产生了与之相应的建筑形式。

秦统一后，于秦始皇二十七年修建新的宫殿。首先于渭水南岸修建信宫作为咸阳各宫的中心，再从信宫前修建大道通骊山，建甘泉宫，后又于北陵建北宫。以信宫为议政大朝，咸阳旧宫为寝宫和后宫，甘泉宫为太后居住，乃避暑去处。秦始皇三十五年，又兴建规模更为庞大的朝宫，其前殿即著名的阿房宫。

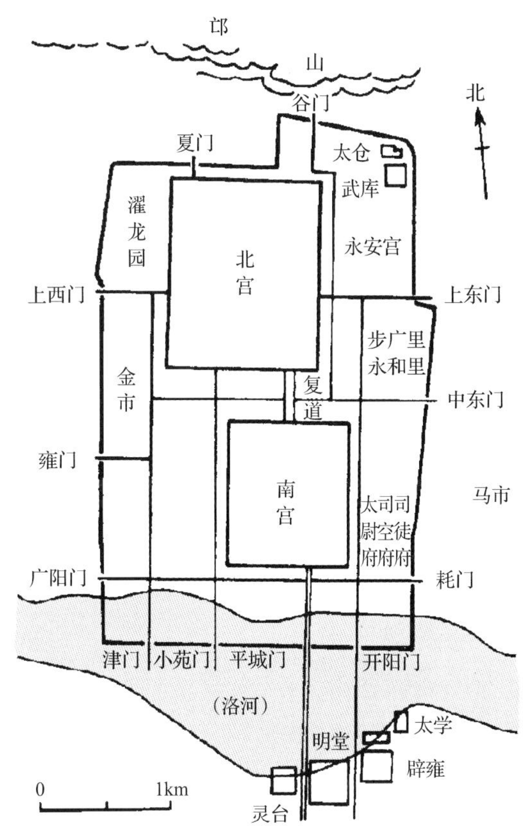

图 3-2　东汉洛阳平面图

西汉初年，在长安城内修未央宫、长乐宫、北宫。萧何主持修建未央宫时对汉高祖提出“非壮丽无以重威”的设计思想。未央宫为大朝所在，位于长安西南隅，属于高台建筑形式，以龙首山岗地削成高台，建宫于其上，平面呈方形，四面筑有围墙，每面各开一门。每座宫殿有宫城环绕，大宫中包括若干小宫，而小宫在大宫中各成一区，宫内主要建筑为中轴对称形式。

3.1.3　住宅建筑

汉代住宅建筑的大体形制可从画像石、画像砖（图 3-3）、明器陶屋中了解到一些具体信息。贵族大型宅第外观呈屋顶中央高、两侧低的形式，有正门和旁门。前

图 3-3　四川德阳画像砖大门

堂为院内主要建筑，堂后以墙、门进行划分，门内为居住区域，由春秋时期的前堂后室发展而成。另有在前堂之后建后堂的做法，以供餐饮歌乐。除主要建筑外，还包括厨房、库房、车房、马厩及奴婢住处等。

中型住宅基本布局分为左右两部分，右侧为构成住宅主要部分的门、堂、院，外部有栅栏大门，门内分前后两院；左侧为附属建筑，也分前后两个庭院，一般为官僚、地主、富商所有（图 3-4）。

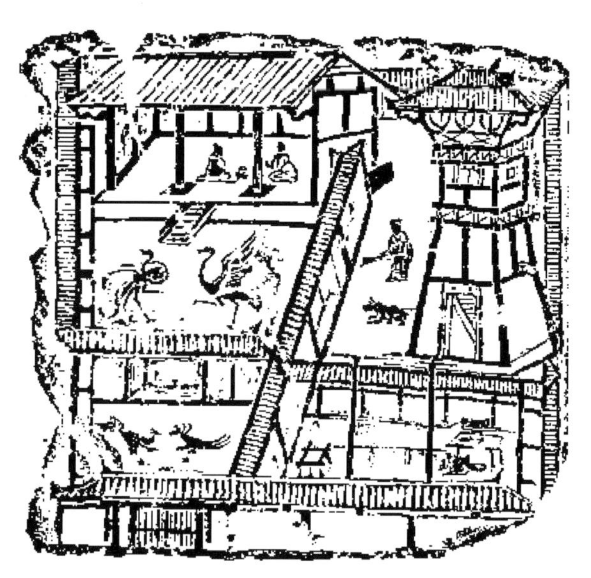

图 3-4　四川成都画像砖庭院

普通百姓住宅面积较小，平面呈方形、长方形或 L 形，屋顶为悬山顶或囤顶。门位于房屋中间或一侧，除墙体外多采用木架结构。墙壁以夯土造成，有方形、横长形或圆形窗。稍大的住宅带有院落呈“日”字形。

汉代建筑特征为：木架建筑结构较为普遍，穿斗式、抬梁式木结构已经形成，广泛使用斗栱，于汉画像石、画像砖可见有大量斗栱形象；普遍使用悬山顶和庑殿顶；制砖技术取得巨大进步，使得以汉代石墓为代表的砖石建筑得到发展；宫殿、园林建设规模宏大，建立庙堂以祭祀天地、祖先。

从石刻、造像石碑等考古资料来看，北魏、东魏时期贵族住宅大门用庑殿顶和鸱尾，围墙上有成排的直棂窗，内侧建有围绕庭院的走廊。从《洛阳伽蓝记》中描述可知住宅由若干厅堂和庭院回廊组成。

3.2　室内空间和室内设计

秦汉时期，宫殿追求高台建筑形式，最终引发了室内空间纵向上的量变到质变——楼的大量运用。秦汉时期室内最重要的特点是出现了大跨度空间，这是中国古代室内史上的重大突破。

从对阿房宫的分析中可以看出，现存的阿房宫遗址位于西安三桥镇南，遗址内发现阿房宫前殿、上天台、北阙门等夯土台或基址 19 处，台上发现了石础、陶水管道，并散布大量板瓦、筒瓦、瓦当等。遗址中前殿的夯土台显示出前殿是大跨度空间，文载“阿房宫前殿东西五百步，南北五十丈，上可以坐万人，下可以建五丈旗”。在宫殿屋宇数量上，阿房宫据记载是“千门万户”。秦汉时期是统一的国家，能集中全国的财力物力与技术，才使大跨度空间成为可能。

3.2.1　室内设计要素

（1）室内平面　平面形状仍以方形为主，如阿房宫的殿堂，秦咸阳宫 1 号宫殿、2 号宫殿遗址中的殿堂；此外，还出现了西阔东窄的组合形式，如秦咸阳宫 2 号宫殿就因此而使总平面形状呈刀把形。秦汉时期室内平面功能的另一个特征是用阁道将不同栋建筑的楼房室内相连。在古代，阁道是室内空间的延续，如古文中提到阿房宫“周驰为阁道，自殿下直抵南山，表南山之巅以为阙。为复道，自阿房渡渭，属之咸阳”，描述的就是用阁道将室内空间相连的景观。咸阳宫“离宫别馆，弥山跨谷，辇道相属”。东汉洛阳宫殿分南北二宫，以复道相通；西汉未央宫与长乐宫以阁道相通，建章宫与未央宫则越墙垣相连。

（2）室内地面　这一时期砖的烧制技术已经娴熟，室内地面建筑材料以地砖为主，在发掘的秦汉时期建筑遗址中，无论是宫殿建筑还是宗庙、陵墓建筑，室内地面都有地砖的遗留，且地砖纹样丰富多彩，如阿房宫室内地面所铺的字纹地砖（图 3-5）。

图 3-5　阿房宫室内地面所铺的字纹地砖

（3）室内墙面　这一时期，室内墙面主要有承重墙、木结构墙两大类，承重墙在住宅建筑室内有所应用，但只占少数。承重墙中又有土墙、砖墙，土墙表面常涂草泥抹白灰，如西汉洛阳早期住房；砖墙多采用空心砖，也有的采用陶砖装饰。室内墙面的装饰手法有在室内墙面设壁柱的，如西汉未央宫室内。所谓壁柱，其存在方式主要有以下两种：第一种是作为承重构件的柱存在，建筑边缘的木柱与木柱之间用墙体连接围合出一个室内空间，在墙和柱的连接过程中，由于墙体一般比柱薄，使得壁柱的一部分凸出墙面，在室内为可见状态，这一类型的壁柱以方形居多；第二种壁柱纯粹为装饰性壁柱，在墙面特意做出凸出的窄行部分，在纵向上贯穿整个墙体，起到划分空间的作用，这一类壁柱多为空心，是室内墙面分割的独特装饰手法。室内木结构墙多用于穿斗式、干阑式、抬梁式建筑室内。

秦汉时期，尤其是汉代室内的墙面还采用了装饰壁画，其色彩绚丽，有红、黑、白、朱膘、紫红、石黄、石青、石绿等多种矿物颜料赋色；并且壁画内容丰富，有人物、动物、车马、植物、建筑、神怪等，如秦咸阳宫 2 号宫殿回廊的室内壁画，3 号宫殿室内车马出行图壁画及仪仗图壁画等。汉墓中壁画的做法是在墓壁上涂一层约 0.5cm 的草泥，再刷白灰至与面层同厚，然后作画。可以说，室内壁画由商周时期简单的黑白线描图发展到了秦汉时期的多彩色块壁画，自此室内壁画艺术进入了成熟期。

（4）室内屋顶　从出土的秦汉时期陵墓中可以发现，这一时期室内屋顶的结构形式有平顶式、拱顶式和穹窿顶式。民居屋顶大多为单坡、两坡、四坡形式，因而民居的室内屋顶形式有斜形、人字形和覆斗形。天棚是指为了不露出建筑室内的梁架，在梁下用天棚枋组成木框，框内放置密且小的木方格；而建筑室内天棚上一方一方的彩画称为藻井，一般用在殿堂明间的正中位置，如帝王御座、神佛像座上。汉代的天棚已出现了覆斗天棚和斗四天棚（图 3-6）两种形式，覆斗天棚如同倒置的漏斗。室内梁架上常饰以彩画，题材常用云气、仙灵、植物、动物等，体现了整个社会一种求仙成佛的思想，这不能不说与当时道教的盛行及统治者推崇黄老之术有很大的关系。

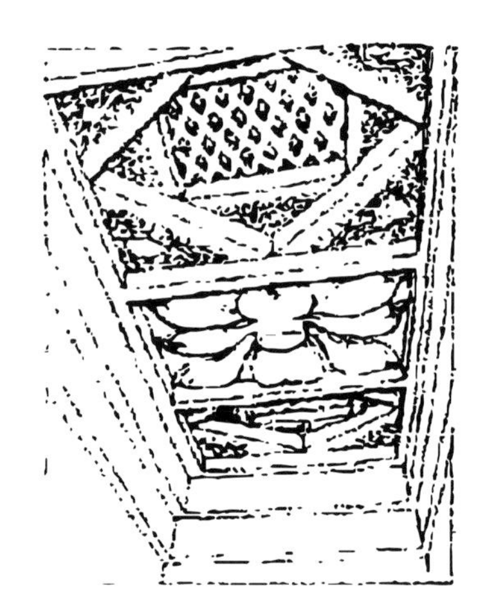

图 3-6　斗四天棚

（5）室内门窗　屋门一般开在当中或偏侧，窗的形式有方形、长方形、圆形等多种形式，装饰讲究，样式有直棂窗、卧棂窗、斜格窗、套环窗、支摘窗，还有在窗外加笼形格子等。门常采用雕刻和鬓饰工艺，雕刻有线刻、浅浮雕、深浮雕及圆体透雕手法，表饰的色彩主要有红色、黄色、黑色。红色的门窗一般用在皇家宫殿及官署建筑室内，红色的门被称为“朱门”，是等级的标志，汉初黄色次之；汉武帝以后，自董仲舒提出罢黜百家，独尊儒术，据五行更替原理提出秦占水德，所以尚黑，汉依土德，理应尚黄，“黄尊红次”，而后，朱色才在等级上位于黄色之后。

（6）室内色彩　汉代宫殿及官署建筑中的柱、墙、台基和某些用具都涂成红色，当时的赋文中有不少关于“丹楹”“朱阙”“丹墀”等的描写，红色后来虽然在等级上退居黄色之后，却仍然是最高贵的色彩之一，最典型的是在宫垣庙墙上刷土朱色及达官权贵使用朱门。汉代除用红色外，还在建筑室内用其他几种色彩相互对比穿插，如“彤轩紫柱，丹墀缥壁，绿柱朱榱”，并对构成的图案色彩予以明确的定义。在地面用色上，秦咸阳宫室内地面涂成红色，两汉文献中除“丹墀”“玄墀”外，还有“壁面涂以胡粉，周边框以青紫”的记载，汉墓壁画上还有显示官署建筑内部用白墙红柱的；且自汉代起，官署式木建筑中的柱都以红色为主。

3.2.2 秦汉室内风格的共性与差异性

秦汉两朝在我国封建社会历史上是极为重要的两个朝代，对后世影响极其深远。纵观整个历史，秦汉绵延 400 余年，这一时期秦朝虽然短暂，但是秦始皇统一全国后，集中全国人力物力与技术成就，在咸阳修建都城、宫殿、陵墓，其建筑及室内至今仍有遗存；而整个汉朝处于封建社会上升时期，社会生产力的发展促使建筑及室内产生显著进步，形成我国古代建筑及室内史上的一个繁荣时期。

这一时期，大跨度结构的出现导致了建筑室内大跨度空间的出现，地砖在室内大量运用，且出现了墙砖。汉代室内出现了成熟的斗栱形制。

（1）新结构和浪漫主义设计手法——秦汉陵墓室内比较　在陵墓设计中，秦代开创了浪漫主义设计手法，汉代延续了这种做法，并创造了拱券砖顶的新结构，这两种形式结合在一起，便是后来魏晋隋唐陵墓中常见的穹窿顶的宇宙星象图。

秦始皇陵陵园呈东西走向，面积约为 56.25km^2，有内城和外城两重，围墙大门朝东；墓冢位于内城南半部，呈覆斗形，高 76m，底基为方形（图 3-7）。墓内修建宫殿楼阁，里面放满了奇珍异宝，墓顶有夜明珠镶成的天文星象，墓室有象征江河湖海的水银湖，具有山水九州的地理形势。通过这样的设计，将秦始皇一统天下、气盖山河的帝王霸气及生平丰功伟绩尽展无余。

图 3-7　秦始皇陵兵马俑

拱顶式是秦汉屋顶发展的一大进步，多用于陵墓室内。西汉初期，人们开始使用正规的拱券结构形式（图 3-8），其中筒拱是主要结构形式，除用于陵墓外，还大量用于下水道中。在拱券的发展过程中，为加强其承载力，采用刀形砖或楔形砖进行加强，并叠用多层拱券，以及采用在券上浇筑石灰浆等措施。到东汉时期，室内屋顶出现了覆盖于方形或矩形平面上的穹窿空间，其壳壁陡立，四角起棱，向上收成盝顶状。

图 3-8　汉代砖墓葬的墓顶结构图

（2）斗栱现象　早在西周的铜器上已有斗栱的样式，在汉代，斗栱更成为一种显著的结构构件（图 3-9、图 3-10）。当时斗棋的规格并不统一，但其在结构上的作用很明显，是用以连接柱、梁、桁、枋等的一种独特托架，起着承托、悬挑、减少弯矩和剪力的作用。汉代便是斗栱这一结构形式的成型期，这一时期出土的建筑明器中，有大量的斗栱形象。有的是形式简洁的栌斗；有的则带拱，形成一斗二升、一斗三升。斗栱结构既起到了保护室内木构架柱、梁的作用，又起到了装饰点缀的作用。发展到后世，由于这种结构形式的特殊性，以及人们对其审美上的偏爱，导致了斗栱在唐宋时期程式化的规范做法及装饰，使其成为建筑室内的一大景观。

（3）金镶玉构件　秦汉时期室内木构件上常用金、银等贵重金属以绘贴彩画，或用于错镶构件。此外，还有在木构件上缠裹锦绣的，也有在柱枋上使用金釭、椽头梁身饰玉的，这些方法后来逐渐被彩画所代替。

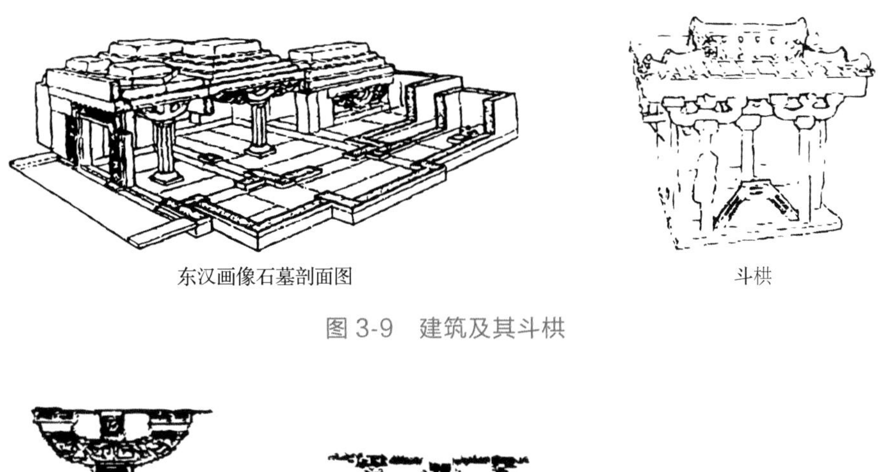

图 3-9　建筑及其斗栱

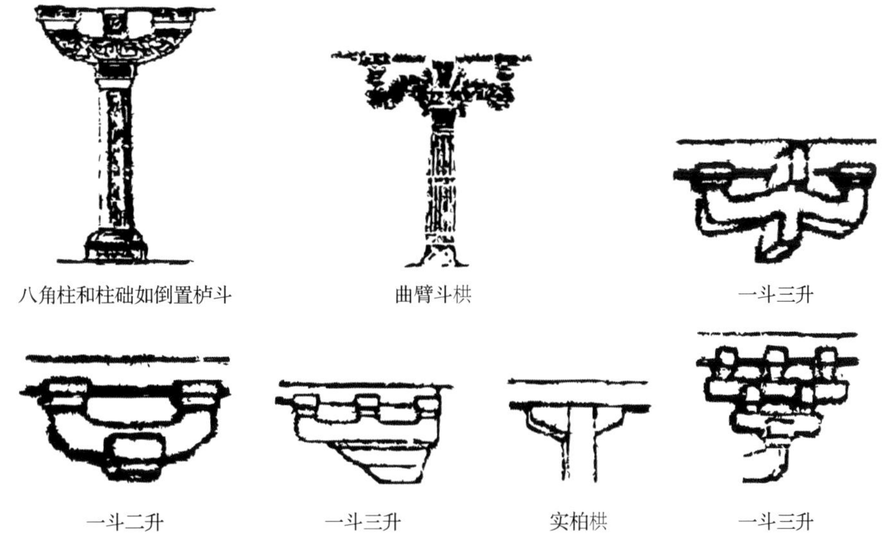

图 3-10　汉墓石祠上的栌斗和八角柱

3.3　家具

3.3.1　战国时期的家具

战国中晚期，冶铁业快速发展，铁器使用广泛，在手工业生产中逐渐代替青铜器，为家具生产提供了更为适用的加工工具，推动了家具行业的发展。其中较为典型的有锯、斧、凿、铲、刨子、钻等。春秋战国时期，从事木工行业的工匠称为梓匠，他们已经开始在家具制作中使用榫卯结构，如银锭榫、凹凸榫、格角榫、燕尾榫等。榫卯是在两个木构件上所采用的一种凹凸结合的连接方式，凸出部分称为榫（榫头），凹进部分称为卯（榫眼、榫槽），榫和卯咬合，起到连接作用。榫卯是中国古代家具的主要结构方式。

春秋战国时期，楚国的楚式漆艺竹木家具在我国古代家具史上占有重要的地位。这一时期，漆木家具品种迅速增多，木工榫卯工艺明显改进。主要品种有床、席、几、案、盘、俎、禁、樽、箱、盒、笥、筐（篓）、奁、匣、椟、柜、屏风，以及附属的枕、镇、帘帷、帐架、器物座架、兵器架、衣架、鼓座架、钟磬架、仪仗、棋枰和灯台等。其中，几案类是当时的主要家具，以雕刻和髹漆彩绘工艺为常见的装饰手法，有些漆器精品还采用嵌玉、铜包角、嵌铜足、错金银、加金箔等复杂技巧，表明楚式家具在当时已发展成熟。装饰风格浪漫神秘，多采取四方连续形式，纹样穿插缠绕，以龙凤、云鸟、引魂升仙为主题。其中，又以曾侯乙墓和包山楚墓出土的家具最为闪亮。

（1）凭几、案　凭几是一种古代席地而坐时扶凭或倚靠的低型家具，属于凭倚类。它的种类较多，如玉几、雕花几、漆几、素几等（图 3-11）。先秦时期的凭几为礼器，战国时漆木凭几流行。从战国长沙楚墓中出土的凭几来看，当时是两足，为直型凭几，与春秋时期并没有太大差异。直型凭几有一定高度，几面较窄，上有倚衡（有些平直，有些中间下凹），下有两腿。战国时期的凭几在制作上更加精美，造型也更为丰富。凭几根据造型可大体分为单足几（图 3-12）、栅式足几（图 3-13）。

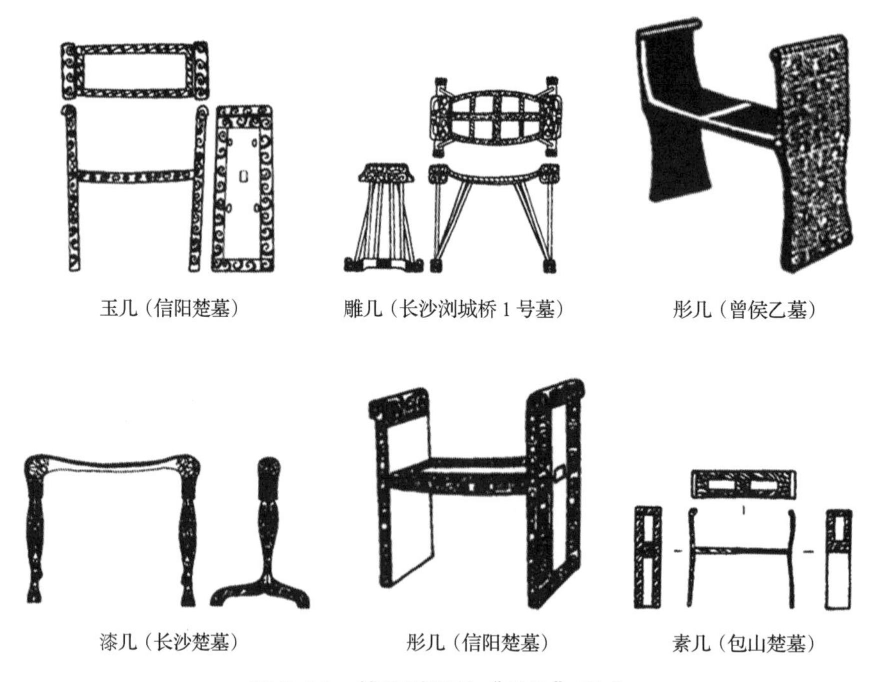

图 3-11　战国时期的“凭几”形式

案，古称案几，本义是指木制的盛食物的矮脚托盘，亦指长形的桌子或架起来代替桌子用的长木板案，为放置物品用。案面较宽，高度较几矮。按不同的材料，又有陶案、木案、漆案（图 3-14）、铜案等。案是战国时期非常流行的家具，有圆形、长方形等。在有桌以前，古人就餐时便将食具置于案上。战国时期，案在制作工艺上有了很大的进步，材料也有木、铜、漆等多种质地，以漆木案最为流行。河北平山战国中山王 1 号墓出土的错金银龙凤鹿方案设计精美，层次复杂，最下层是鹿的造型，再上一层由飞龙盘曲，龙间又有凤鸟；龙头构成四角，架起四方形案面框，案面可能是漆木的（图 3-15）。

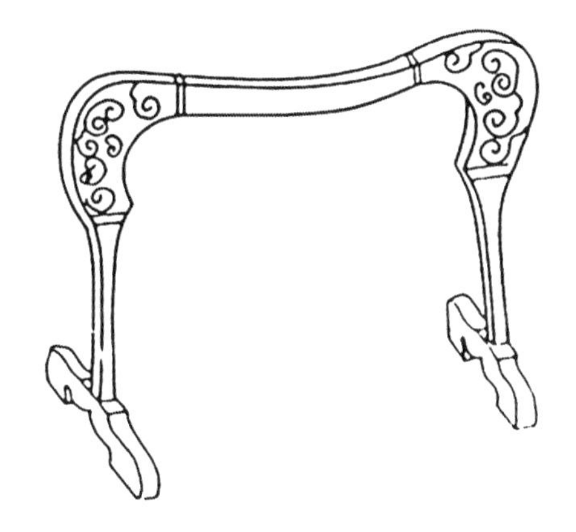

图 3-12　单足几（春秋晚期　湖南长沙楚墓出土）

图 3-13　栅式足几（战国早期　湖南长沙楚墓出土）

图 3-14　鸟足漆案（战国早期　湖北随县曾侯乙墓出土）

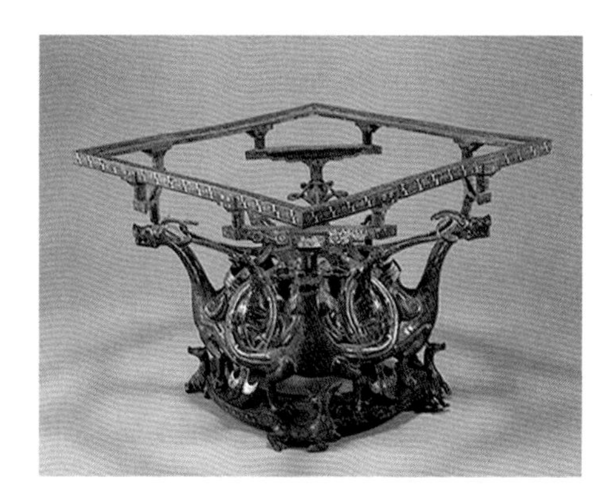

图 3-15　错金银龙凤鹿方案（战国时期　河北省平山县出土）

（2）床、屏风　战国时期，床的形制可在河南信阳楚墓出土的彩绘折叠大床（图 3-16）中找到根据，此床是现今考古发现中最早的床，具备了今日床的基本特色，有床身、床栏、床足。床身用方木纵四横三组成长方框，各木构件搭接后向外挑出做兽头状。床屉为棕编，床设六足，四角及前后中部各一，各足透雕两组卷云纹，顶端凸榫，插入床身卯内。床四周有方格状栏杆，床栏前后的中部留缺口以便上下，通体漆黑，髹漆彩绘。

屏风主要起挡风或隐蔽的作用，其装饰工艺以彩绘、雕刻为主。出土于湖北省江陵望山 1 号墓的彩绘木雕小座屏（图 3-17），是战国时期漆器上雕刻动物形象的一件代表作，展现了战国时期屏风的大体风貌。整个屏风通高 15cm，长 51.8cm，镂刻有凤、鹿、蟒、蛙、鹰等 51 个动物，穿插组合成两组对称图案，独具匠心，因形取势，回旋盘绕，形态栩栩如生。无论是凤还是鸟，每一只都精神抖擞，昂首注视前方，呈腾跃状，充满勃勃生机。

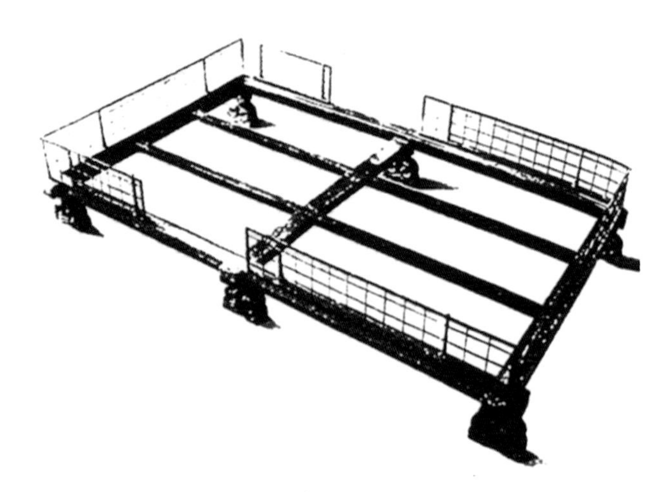

图 3-16　彩绘折叠大床（战国时期　河南信阳楚墓出土）

图 3-17　彩绘木雕小座屏（战国时期　湖北省江陵望山 1 号墓出土）

3.3.2　秦汉时期的家具

秦汉时期是我国低型家具的大发展时期，品种发展较为齐全，在继承春秋战国时期家具样式的同时，创造了许多新的家具品种。汉代形成了完整的低型家具体系，榻上、床上、席上正襟跪坐是人们所采用的标准坐式。汉代是我国漆木家具的大发展时期，在继承战国时期漆工艺的基础上更加繁荣，金银箔贴花、镶花工艺盛行，用料讲究，工艺精良，色彩纹样绚丽，常用黑红彩绘，讲求实用、功能合理。

（1）坐具　汉代坐具主要包括床、榻（图 3-18）、枰（图 3-19）、席，均采用跪坐的方式。室内生活以床、榻为中心。汉代床榻的作用不同于今日睡眠休息的功用，而是延伸到议事、聚会、用餐等方面，床后及侧面设有屏风。东汉许慎《说文解字》云：“床，安身之坐者。”表明当时流行的观念认为“坐”是床的主要功能。西汉后期出现了“榻”这个名称，主要指坐具。在床与榻、枰的区分上，主要从长、宽、高尺度加以区别。枰为供一人独坐的小型坐具，面板为方形，四周不起沿，有矩尺形矮足。榻在汉代为坐具，面板为长方形，比枰大，有一人榻，也有供两人以上连坐的榻。床比榻更高、更宽一些。

图 3-18　洛阳东汉墓壁画二人坐榻

图 3-19　望都汉墓壁画“独坐榻”(枰)

筵席也是汉代重要的坐具。自西周时期起，招待宾客时都要布席，《周礼 · 春官》中有“司几筵”的职位，专门负责设席布宴，安排赴宴之人的就坐位置。筵席为“下筵上席”的铺设形式，“筵”较“席”长而大，铺设在最下面，起到保暖防潮的作用，“筵”上再铺“席”。“席”根据时节不同有暖席、凉席之分，按工艺有编席和织席两大类，主要以麻、竹、蒲、苇、毛、布、锦、丝等制成。宾客在入席前要脱掉鞋子，表示对主人的尊敬。席前设案，案上摆放食物、食具。

除此之外，胡床于东汉后期由西域流入中原，是一种类似于马扎的坐具，流行于上层社会，为狩猎作战时所用。

（2）几、案　秦汉时期，几、案的样式与作用有了新的发展。案在汉代是生活中的重要家具，君民都以食案承载饮食用具，一般置于席前或床榻前。案有长足案和短足案之分，短足案以长方形和圆形盘式最流行。汉代案以四足（图 3-20）、三足（图 3-21）为典型样式，也有六足、八足，为贵族所用。此外，案足的形式还有矩尺形足、柱形足、圆形足等。

从汉代画像石、画像砖中可以看出，当时的“几”可分为凭几和庋物几两种。凭几不仅是一种日常生活中的家具，还是一种身份等级的象征。汉代凭几的使用仍十分流行，因地位的高低在材料上有所区别。凭几的装饰手法有雕花、髹漆、嵌玉等，在使用时常常加上软垫，使倚靠者更加舒适。庋物几（图 3-22）根据使用方式不同可分为书几、床前几、杂物几等。

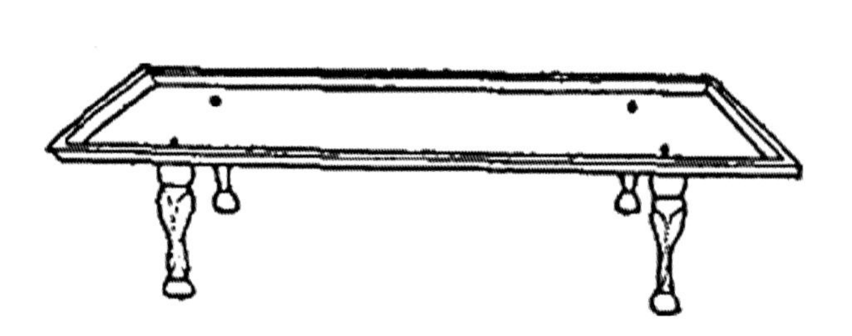

图 3-20　湖南常德东汉墓几案

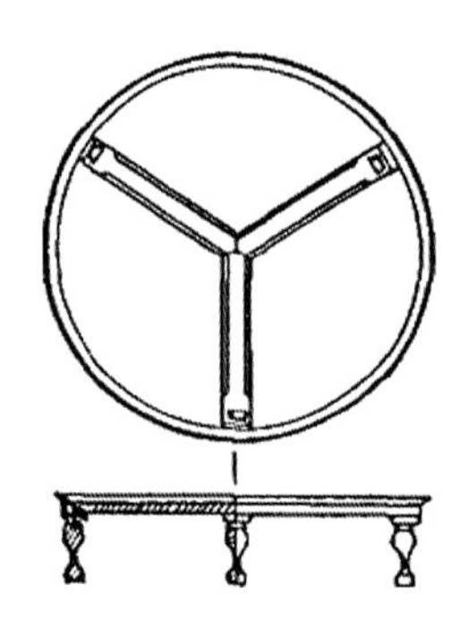

图 3-21　邗江胡场西汉墓几案

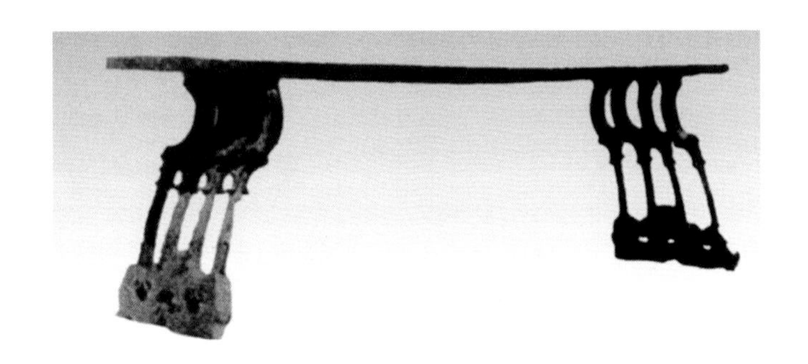

图 3-22　八龙吐水曲栅几（汉代　江苏连云港唐庄汉墓出土）

（3）屏风　屏风常为两面或三面，置于床后或床上，做遮挡之用，多为彩绘漆屏风。屏风的样式、材质都趋于多样化，使用的材料有石、木漆、素绢、琉璃、云母等；其样式包括直立板座屏、曲屏、两面围或三面围榻屏等。直立板座屏由底座和屏板两部分组成，屏板为独扇，底座两面多镂雕花纹，上端挖出凹槽，屏板插入凹槽中。曲屏即多扇折叠屏风，汉代多为二曲、三曲，可折叠，除起挡风、遮蔽作用外，还起到划分、改变室内空间布局的作用，成为建筑物的一种活动隔断。汉代屏风的使用更加广泛，贵族富豪均设屏风于厅堂居室。湖南长沙马王堆汉墓出土的云龙纹漆屏风如图 3-23、图 3-24 所示。

（4）装饰　从战国楚墓出土的大量家具文物来看，家具以红色调为主，并配以黑色形成对比，一般以黑漆为底色，上面加饰红色纹饰并辅以金、银、灰、黄、绿、赭等色。多运用平涂、堆彩、描金等装饰手法。装饰图案以动物、植物、自然为题材，常见的有龙凤纹、虎纹、鹿纹、几何纹、云纹、水波纹、花叶草茎纹等。纹样多以重叠缠绕、上下穿插的四方连续组织为特征，疏密有致、节奏鲜明。

图 3-23　云龙纹漆屏风（西汉早期　湖南长沙马王堆汉墓出土）

图 3-24　云龙纹漆屏风背面

汉代家具继承并发展了战国时期以来的装饰手法，其主要工艺仍为髹漆彩绘工艺，同时发展了玛瑙、玳瑁、云母等镶嵌工艺，以及贴金箔、饰鎏金铜饰件等装饰手法，使汉代漆器家具更为精美。色彩以黑红彩绘为主，多彩并用，家具装饰花纹大量运用云气纹，流云飞动，动而不乱。另外，动物纹和反映现实生活的人物题材也被较多采用。

3.4　陈设

战国时期，由于社会生产力的发展和社会思想的空前活跃，工艺美术突破礼制的局限，显示出前所未有的活泼、自由的创作倾向，冲破了前期神秘、静止的艺术格局，开创了秦汉时期以后整个装饰艺术的新道路。这一时期，各种工艺美术都出现了一些杰出的代表性作品，主要成就表现在青铜、漆器、玉石、琉璃、陶瓷、金银、丝织刺绣等方面。

春秋、战国时期的金银器形制种类增多，出现了金银器皿。从金银器的艺术特色和制作工艺来看，南北方风格迥异。北方出土的金银器及其金细工艺发达；南方地区金银器则多为器皿，制法大多来自青铜工艺。汉代的金银器是权力与财富的象征，由于贵族富人追求奢华，夸富耀贵，金银工艺在战国时期所取得成就的基础上又有了一定发展，主要品种有各种装饰用品，也有一部分器皿。春秋战国时期铜镜开始流行，战国时期铜镜数量多、种类复杂。战国晚期，铜镜制造业大为兴盛，以楚国铜镜数量最多。河南洛阳金村出土的狩猎纹镜背面有错金银的骑马勇士挥剑与虎格斗和异兽图形（图 3-25）；此外，还有嵌玉、嵌琉璃的铜镜，均为战国时期铜镜的精品。

自战国中期开始至汉代，青铜工艺的发展变化比较大，其主要特征是面对现实生活，务求实用。青铜、金、银、铁等工艺全面发展，出现了金银错、鎏金、镶嵌、焊接等新工艺。秦统一天下后，推行了一系列的改革，在青铜铸造艺术领域，秦汉时期也同样有着相互融合的趋势，它继承了战国时期列国最为先进的铸铜技艺，综合成为一种兼具统一而又注入新的文化科技内涵的青铜艺术。秦汉时期以后，由于礼制不断衰落，铁器普遍使用，漆器和瓷器繁荣发展，青铜器逐渐被取代。

图 3-25　铜镜背面骑马勇士挥剑与虎格斗（战国时期）

汉代由于青铜礼乐器的进一步衰落，青铜日用器比以前有了较大进步，工艺技术有较突出的时代特色。日用器产量较大的品种有镜、灯、炉、壶、洗、奁等，这些器物一方面是应新的生活需求而兴起的；另一方面，这些器物是漆器和瓷器不能全部取代的。汉代铜器以造型见长，构思奇巧，其中还有不少具有观赏价值的铜雕艺术品，大部分有实用功能，如铜灯（图 3-26）；也有独立的铜雕艺术品，如甘肃武威东汉墓出土的铜奔马，河南偃师出土的铜奔羊及甘肃灵台出土的铜佣等。另外，居住在境内的匈奴、鲜卑、滇等少数民族的青铜器，在保持本民族特色的基础上，充分吸收汉民族的特点，取得了重大成就。

我国自古就有熏香的习俗，战国时期人们就在室内放置各种熏炉，一方面净化环境，另一方面人们认为袅袅香烟就像进入了飘缈的仙境。汉晋时期流行香薰炉，其形制有长柄和短柄两类。晋代后，熏炉逐渐变少。西汉时期，封建帝王为了求得长生不老之术，大都信奉方士神仙之说，博山炉（图 3-27）就是在这种风气影响下产生的，并在汉代广为流行。

战国、秦汉时期，随着工商业的发达、城邑规模的扩大和商品交换的发展，陶瓷生产更加集中和专业化，并出现了非常明确的业内分工，陶瓷工艺取得了长足的进步。战国、秦汉时期具有代表性的陶瓷工艺有彩绘陶、铅釉陶、陶塑、建筑用陶器及早期瓷器。战国时期，农业与手工业空前发展，用于纺织业的桑、麻等经济作物种植面积扩大，产量大增。同时，铁器在这一时期的广泛运用推动了手工业技术的快速进步，发明于春秋时期的脚踏斜织机得到广泛应用，生产质量及效率较前代大幅度提高。一方面，丝织业迅速发展，缫丝技术有了很大进步；另一方面，麻纺、葛纺工艺也随之发展，成为广大妇女必须熟练的手工技能，麻纺技术达到很高的水平。各国实施官府监造制度进行管理，实现了产品种类的多样化，形成各自的纺织特色。纺、染、织、缝作坊兴起，店铺众多，相关经营活动发展兴旺，流通领域不断扩大，形成了以山东齐鲁地区为中心的发展格局，有“千里桑麻”“齐纨鲁缟”的美誉。战国、汉代是漆器制造空前繁荣的历史时期，各种实用与观赏品大量出现。在胎骨做法、造型及装饰技法上均有创新。髹漆工艺主要有描彩漆、镶嵌、针刻等。装饰纹样盛行动物纹、几何纹及舞乐、狩猎、弋射等人物纹等，其特点是色彩丰富、线条奔放、勾勒交错、气韵生动。

图 3-26　西汉长信宫灯（河北满城出土）

图 3-27　博山炉（汉代）

第4章 三国两晋南北朝时期

4.1 建筑概况

三国两晋南北朝时期，战乱不断、政权分裂、朝代更替频繁。宫殿建筑形式主要继承汉代样式，陵墓修建不及秦汉时期。宫殿、佛寺建造勃兴，受到外来文化影响，已脱离汉时格调，有创新之风。遗存多为石窟、佛塔、陵墓和精美的雕塑与壁画。

4.1.1 都城、宫殿

从三国时期开始，我国城市建设进入“里坊制”全盛时期，一直发展到唐代。自春秋时期开始，各国都城以“里”作为居住单位，杂处于宫阙与官署之间，区域划分并不明确。曹魏邺城（图4-1）将这种区域功能划分进一步发展，开创了分区明确、布局严整的里坊制布局规划。

北魏洛阳在西晋洛阳城废墟上参照旧址遗迹重建，有外郭、都城、宫城三重城垣。目前，外郭遗址尚未证实。都城位于外郭中轴线，是汉魏洛阳故城，宫城位于中央偏北部。

东魏自洛阳迁都于邺，在邺城旧城南侧建新城，称为邺南城，布局采用北魏洛阳城的形式。宫城位于南北轴线上，大朝太极殿左右将东西厢扩建为东西堂，两侧并列含元殿、清凉殿，又在大朝主殿后设有朱华门和昭阳殿，纵向排列两组宫殿。这种方式在隋唐时期发展为废弃东西堂，完全采用纵列“三朝制度”，一直沿用至清代。宫城北面为苑囿，南面为里坊，城外东西郊建有东市、西市。北齐灭魏后继续以邺为都城，增建宫殿、苑囿。

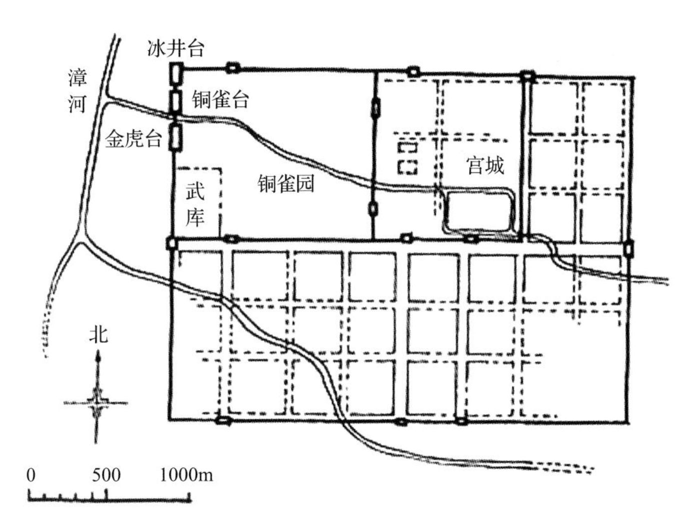

图 4-1　曹魏邺城平面图

建康城自东晋至南陈，一直是南朝各代的都城。东晋王朝在吴国都城“建业”的旧址上修建康城，后经宋、齐、梁、陈陆续建造。宫城位于城的中心偏北处，城的南北轴线有大道向南延伸，跨秦淮河通南郊，官署沿宫城前的大道向南分布，并散布佛寺、商铺，又在城南东侧建东府城，西侧建石头城。居民聚集于城南秦淮河两岸，贵族宅邸多位于清溪附近风景区。建康城依地形而建，地势起伏变化，整体布局呈不规则状，里坊、集市建设分布较为自由。

4.1.2　寺、塔、石窟

佛教的盛行使得各地佛塔古寺如雨后春笋般大量出现。据记载，当时的洛阳有重要佛寺 40 多所，以永宁寺为代表。其基本布局以中轴线为依托安排主要建筑，前有寺门，门内建佛塔，塔后为佛殿。建筑核心为位于三层台基上的 9 层方塔，塔北建佛殿，四面环围墙，形成矩形塔院。院东、南、西三面中央开有寺门，上建门楼，北面为乌头门。另有附属建筑千间，置于塔院之后及西侧。寺院围墙四角建有角楼，墙外环绕壕沟。

塔与殿的位置在不同时期有相应变化。佛教传入早期，塔即是佛，一寺建一塔，不建大殿，塔位于寺的中央，周围建群房。后来修建佛殿于塔后，塔、殿并重，寺院采取中轴线布局，如北魏永宁寺。东晋初期开始有双塔形式，南北朝至唐代数量增多。双塔位于寺院大门前，或大殿前东西侧，使佛殿成为寺院的主体。宋代及以后通常为前殿后塔，寺院以佛殿为主，塔建在佛殿之后，退居次要位置。

另外，由于三国两晋时期佛教的盛行，使得许多贵族捐献宅邸改建为佛寺，往往以前厅为佛殿，后堂为讲室。使外来宗教建筑融入中国府第、住宅建筑特征，形成了具有民族特色的中国佛教建筑形式。

佛塔的形式在印度佛塔的基础上融入了中国建筑特征，形成了阁楼式木塔，塔内供佛像，也可登高远眺。塔从形式上可分为木结构阁楼式和砖造密檐式。木结构阁楼式是南北朝时期最常见的形式，以洛阳永宁寺塔为代表，木塔建于高大台基或须弥座上，塔高九层，呈正方形，每面九间；密檐式塔与阁楼式塔不同，不具备登高远眺的功能，只作为礼拜的对象。三国两晋时期，砖石使用范围更加广泛，砖造密檐式塔以嵩岳寺塔为代表，是我国现存最早的佛塔。

石窟寺是佛教建筑的又一重要代表。石窟寺开凿于山崖陡壁，供僧侣从事宗教活动及生活，随印度佛教的传入广泛兴建。其建造手法受汉代崖墓的影响，形成了工艺纯熟的岩洞开凿技术。南北朝时期，石窟建造达到鼎盛时期，以山西大同云冈石窟、甘肃敦煌莫高窟、甘肃天水麦积山石窟、河南洛阳龙门石窟、山西太原天龙山石窟为代表。其中，敦煌莫高窟和洛阳龙门石窟在隋唐以后相继得到进一步发展。石窟中巨大佛像多由皇室或贵族官僚捐资修建，窟外建有木结构前廊加以保护。

4.1.3 住宅

北魏和东魏时期贵族住宅的正门，据雕刻所示往往采用庑殿式屋顶和鸱尾，围墙上有成排的直棂窗，悬挂竹帘与帷幕。当时有不少贵族官僚舍宅为寺，这些住宅由若干大型厅堂和庭院回廊等组成。但鸱尾原仅用于宫殿，对住宅来说，不是特许便不可以使用。

4.1.4 园林

从三国两晋时期开始，南北朝的园林艺术逐渐向自然山水园发展，以宫、殿、楼阁建筑为主，充以禽兽。其中的宫苑形式被扬弃，而古代苑囿中山水的处理手法被继承，以山水为骨干是园林的基础。构山要重岩覆岭、深溪洞壑、崎岖山路、涧道盘纡，合乎山的自然形势。山上要有高林巨树、悬葛垂萝，使山林生色。叠石构山要有石洞，能潜行数百步，好似进入天然的石灰岩洞一般。同时又经构楼馆，列于上下，半山有亭，便于憩息；山顶有楼，远近皆见，跨水为阁，流水成景。这样的园林创作达到了妙极自然的意境。

三国两晋南北朝时期，是中国古代园林史上的一个重要转折时期。文人雅士厌烦战争，玄谈玩世，寄情山水，风雅自居。豪富们纷纷建造私家园林，把自然式山水风景缩写于自己的私家园林中。如西晋石崇的“金谷园”，是当时著名的私家园林。石崇于晋武帝时期任荆州刺史，他聚敛了大量财富广造宅园，晚年辞官后，退居洛阳城西北郊金谷涧畔的“河阳别业”，即金谷园。据其自著《金谷诗》记载：“余有别庐在金谷涧中，或高或下。有清泉茂林，众果竹柏药草之属，田四十顷，羊二百口，鸡猪鹅鸭之类莫不毕备。又有水碓鱼池土窟，其为娱目欢心之物备矣。”自然山水园的出现，为后来唐、宋、明、清时期的园林艺术打下了深厚的基础。

4.2　室内空间和室内设计

4.2.1　室内空间

（1）宫殿　早期帝王的宫殿可以称为堂，又可称为殿。南北朝后，逐渐把殿和堂区别开来，殿的规模和等级都高于堂。唐代以后，在宫殿中的称为殿，在衙署中的称为堂。宋代《营造法式》对殿与堂的不同等第做了一系列规定，并为以后各代所沿用。

这一时期，宫殿室内平面采用了东西堂制。自夏商有宫殿以来，就出现了殿堂，殿堂的布局从“前堂后室”，以一堂（即“明堂”）为中心，发展到周朝的“前朝后寝”和“三朝纵列”，呈现出东西北三堂簇拥主堂的格局，并在整体建筑组群的布置上沿中轴线排列“外朝”“中朝”“内朝”。到秦汉时期，尤其是西汉长安城的宫殿各自独立，各以城垣分为几区，有未央宫、长乐宫、建章宫三大建筑组群，其中未央宫作为举行大朝仪式之所，把主殿（即前殿）的中央用于大朝，两侧用于常朝，突破了周制，创造了东西堂制的雏形。在以后的三国两晋南北朝时期，东西堂制趋于完善和成熟，并通行于后世。

中国古典建筑中的间是指两缝梁架之间的空间。开间的数量决定了单体建筑平面的大小规模。从这一时期开始，室内面积也变得有规律可循，多采用十一以下的奇数开间，室内开间随建筑性质的不同而不同，民间建筑常采用三、五开间，宫殿、庙宇、官署建筑多采用五、七开间，十分隆重的建筑采用九开间，也有豪华的建筑采用十二、十三开间，如梁代建康宫城、洛阳北齐宫。当时的建康宫是南北朝著名的豪华建筑，为超越北魏宫殿，主殿太极殿特地由面阔十二间改为十三间。

（2）佛寺　佛寺建筑室内是在这一特定时期才出现的，是随着外域佛教的传入、南北民族融合，以及佛家思想的普及才逐步兴起和完善的。佛寺平面宫殿化最典型的例子是公元 500 年左右建的洛阳景明寺和公元 516 年建的永宁寺。北魏佛寺以洛阳的永宁寺为最大，据《洛阳伽蓝记》记载，中间置塔，四面有门，塔后为佛殿，塔建于寺中部稍偏南处。塔面阔九间，每间开三门六窗，门上涂以朱色的漆，并用金钉做装饰及门板的连接件，有的门上还有云气、飞天等图案，内部每间都立有室内柱，是满堂柱网形式，柱上施五彩漆，并用金色点缀，最中心一间的每根柱子由四个柱础聚合而成；塔北的大佛殿，形式与魏宫正殿太极殿相似，殿内供有一尊一丈八尺的金佛。梁上有纹饰图案雕刻，墙壁粉刷装饰。

（3）石窟　石窟的室内功能平面可分为以下三种：一是塔院型，其室内以塔为窟的中心，将窟的中心柱刻成佛塔形象，如大同云冈石窟；二是佛殿型，其石窟的室内以佛像为主要内容，这一种最为常见；三是僧院型，中置佛像，周围凿小窟，供僧众打坐，如敦煌第 285 窟。

云冈石窟（图 4-2）主要为北魏皇家所建，大体分为三期。第一期有五大窟，仿草庐内部形式，做穹顶，内壁凿出大佛，最高者约 17 米；第二期多为仿佛殿形式，窟前有面阔三间的敞廊，廊正中开门，由此门通入矩形后室，室内修佛廊及后室，顶上雕有天棚藻井，表现的是一座有前廊的佛殿形象；第三期为塔形中柱，四壁雕佛龛，墙面壁画上常有佛殿形象，表现的是以塔为中心的佛寺庭院内的景观。云冈石窟中雕饰的装饰纹样多伴有回折卷草纹，是传自希腊、波斯的纹样，还有西番莲纹、锯齿纹。鸟兽纹样有青龙、白虎、朱雀、玄武等。另外，还有雷纹、夔纹、方格纹等。

图 4-2　云冈石窟

（4）陵墓 三国两晋南北朝时期，由于经济的局限和社会的不安定，使得这一时期的建筑室内平面面积及功能与秦汉时期相比都大为逊色，也不如以前宏大，陪葬品也不及秦汉时期丰富。但同时，这一时期陵墓室内也出现了自己的特色，如采用墓寺结合的做法，墓室内采用筒壳顶和方锥顶；此外，在墓室的砖画上，“竹林七贤”成了这一时期的理想人物，取代或挤进了两汉时期神仙迷信、忠臣义士的行列。

4.2.2 室内设计要素

（1）室内平面 这一时期平面形状以方形或类方形为主，还出现了组合方形的平面形状。宫殿室内平面采用了东西堂制，逐渐把殿和堂区别开来。从这一时期开始，开间也变得有规律可循，佛寺建筑的室内功能平面由以塔为中心变为中轴线上前塔后殿，最后演变到以殿为主的殿寺。石窟则有塔院型、佛殿型、僧院型三种。陵墓简化了以往的中室。

（2）室内墙面 三国两晋南北朝早期民居多用土墙。史载东晋建康太庙长16间，墙壁用壁柱、壁带加固，可知其为土木混合结构建筑；在已发掘的永宁寺遗址中有方38.2m、高2.2m的夯土台基，四周加石栏杆，室内密布柱网，塔心是土坯砌体，由此可见，此塔虽属于木构架，却要借助土坯砌体塔心来保持稳定，表现出木构架尚不成熟的特点。室内墙体的土木混合结构主要由山墙、后墙承重；除此之外，还有由屋身土墙承重，外廊全用木构架的做法，如云冈石窟。

（3）室内壁画 陵墓室内壁画更多地体现了这一时期壁画的技法特征。壁画内容有青龙、白虎、朱雀、玄武四神兽，仪仗出行队伍、天空、流云、莲花、镇墓威神、凤鸟、羽人、墓主形象、生活起居、服饰、天象、屋宇等图案。这些壁画布局严谨，比例准确，线条流畅，设色浓艳，装饰富丽。壁画有大幅和小幅之分，大幅壁画是在几块砖面上用筛过的黄土掺和胶性物抹平做底，后用土红色起稿，再用墨线勾勒定稿，继而用石黄、白、朱、赭石等施彩。北魏壁画中使用了“晕”，这是在同一种颜色中用由深到浅或由浅到深均匀过渡的手法，使颜色形成更多的变化。石窟室内壁画在这一时期的美学特征具有鲜明的时代代表性。

（4）室内天棚及梁木构架 佛教建筑室内大量运用了藻井，以莲花及飞天等装饰较多，云冈石窟的廊及后室顶上雕天棚藻井，表现的是一座有前廊的佛殿形象。早期的中心柱窟多为穹窿顶，正中绘莲花，穹窿四角各绘一天王像。云冈石窟顶多刻作平棊，以支条分隔，有方格的，有斗八式的，均随室的形状变化而不同。平棊藻井以莲花和飞天为主，极少用龙。天龙山石窟顶多做成盝顶形，饰以浮雕飞仙。

（5）室内门窗　从北朝的石建筑和石刻中可以清晰地看到，这一时期仍以直棂窗为主，是固定不开启的；门多为版门，大门多用朱色油漆，并点缀有金色装饰钉。佛窟门多为方形，也有的为圆角方形，比例肥矮，周边饰以卷草纹；同时由于外来文化的影响，出现了门上正中微尖，呈火焰状的样式，门周边同样饰以卷草形。窗的形式有网格纹形，如“雕栾绮节，珠窗网户”。

4.3　家具

三国两晋南北朝时期是我国传统家具发展中的重要过渡时期。这一时期的家具受到了佛教文化、西域文化的影响。由西域传入中原的胡床，在南北朝时期逐渐普及民间，并且出现了其他各种形式的高坐具，如扶手椅、方凳、束腰筌蹄等，改变了席地而坐的方式。有的上部还设顶帐挡尘，四边围置可拆卸矮屏，下部多以壶门为饰。床上除有供倚靠的凭几外，还出现了作为倚躺垫腰用的隐囊及供坐时扶靠用的圈形曲几，形成了时代特色，为隋唐五代的家具的形成奠定了基础。

4.3.1　高型家具

（1）西域胡床　胡床即后来的马扎。胡床为坐具，并非卧具。因当时“人所坐、卧曰床”，所以对西域传入的新式坐具也以床相称。据目前的文献记载来看，胡床自东汉末年已传入中原，流行于上层社会。三国两晋南北朝时期，胡床的使用在记载中已经常出现，广泛应用于宫廷、家居、行路、行军、狩猎等多种场合（图 4-3）。

图 4-3　案和胡床（东魏时期　河南东魏石刻）

（2）佛教坐具　椅子的称谓最早始于唐代，但是椅子的形象最早出现于南北朝时期。随着佛教的传入，佛国的高型家具也进入了中原。这一时期椅子的形象可参考敦煌莫高窟第 285 窟西魏壁画上“山林仙人”所坐的椅子（图 4-4、图 4-5）。这种高型家具的传入使中原地区的家具有增高的趋势。襟然跪坐不再是唯一的坐式，还出现了床榻上盘足而坐、侧身斜坐、后斜依靠、榻边垂足而坐等坐姿，相应产生了可供倚靠的三足几。

图 4-4　敦煌莫高窟第 285 窟西魏壁画上“山林仙人”所坐的椅子（一）

图 4-5　敦煌莫高窟第 285 窟西魏壁画上“山林仙人”所坐的椅子（二）

此外，还出现了坐具筌蹄，形状类似于束腰长鼓，以藤草编制而成，促进了以后圆凳、圆墩的出现。

（3）床、榻　三国两晋南北朝时期，床、榻的主要变化是体积增高增大，人可坐于床上或垂足于床沿。从东晋顾恺之《女史箴图》中的四面屏风床可看到当时床的具体形式（图 4-6）：四角有立柱，柱间围立高床屏，上设顶，四周设帷帐；床有四足，足间用壶门做装饰，下有托泥。“壶门”源于佛座、佛塔等佛教建筑中的坐基须弥座（图 4-7）。箱式壶门床榻即借用了须弥座中间的壶门束腰部分。壶门结构始于三国两晋时期并在唐代广泛流行。

图 4-6 《女史箴图》中的四面屏风床（东晋时期）

图 4-7　释迦佛造像中的须弥座（北魏时期）

三国两晋南北朝时期，虽然人们在生活中通常还是席地而坐，但是坐榻的习惯已经开始流行起来（图 4-8）。《北齐校书图》中描绘了北齐天保七年文宣帝高洋命樊逊等人刊校五经诸史的故事，图中绘有一张壶门式大榻（图 4-9），榻座立面有壶门，榻上坐四人，并摆放笔、砚、盂和投壶（古代投掷游戏）。

图 4-8　南北朝时期的壶门托泥式床榻（龙门北魏时期石刻　宾阳洞“维摩说法图”）

图 4-9 《北齐校书图》中的壶门式大榻（北齐杨子华创稿、唐阎立本再稿　宋代摹本）

4.3.2　案、凭几、隐囊

三国两晋南北朝时期，案的形体结构变化明显，逐渐增高、增大，长案、大案开始增多，翘头案发展迅速。根据使用功能可细分为食案、书画案、奏案、香案等。在制作工艺上以绿沉漆工艺、犀皮漆工艺、青釉瓷工艺为主。另外，在南北朝时期，瓷案的数量大大增多，比漆案更为普遍，因其制作简单，价格更为低廉，一般士民阶层都能使用。

凭几在三国两晋南北朝时期最为盛行，此时凭几已变为三足，呈曲形，所以又称“三足曲木抱腰凭几”，主要在床榻上和带篷牛车上使用。曲形的凭几通常呈半环形，两端与中间分别有兽形足，三足外张，供倚靠之用，常用“三足鼎立、曲木抱腰”来形容（图 4-10）。这种三足抱腰式凭几，对后来的靠背坐具的设计制作有着直接影响。

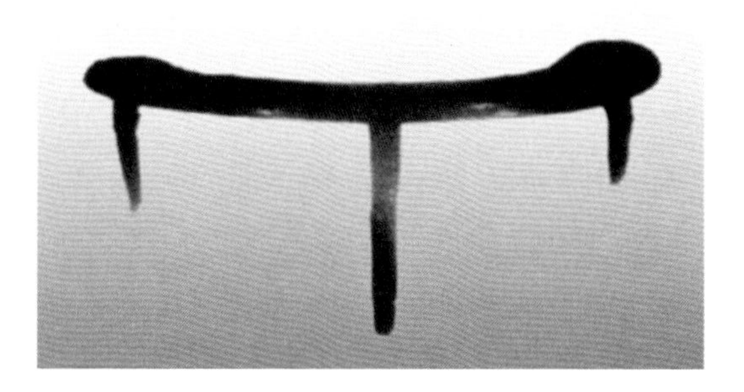

图 4-10　三足凭几（东吴时期　安徽马鞍山东吴墓出土）

4.3.3　装饰

三国两晋南北朝时期，家具装饰出现了绿沉漆及多种色调为主的形式，题材也打破了神兽云气的传统样式，呈现出多样化特征，既有传统的四灵、云气等，又有从佛教文化中传入的莲花、忍冬、火焰纹、卷草纹、飞天、狮子等。家具纹饰线条流畅飘逸，体现出秀雅清新的艺术风格。另外，家具结构上的“壶门”也是这一时期家具装饰中的一大特征。

三国两晋南北朝时期，胡床、凳、绳床等高型家具传入中原，改变了人们席地而坐的唯一方式，随之产生了床、榻等传统家具体量的增高，开始出现垂足坐床、坐榻的形式；同时相应出现了安放于榻上的三足凭几。这一时期开启了高型家具发展的先河。

4.4 陈设

三国两晋南北朝时期，中国的南方社会相对安定繁荣，东汉晚期出现的瓷器工艺不断成熟且发展迅速。当时江南广大地区瓷窑遍布，青瓷的产量和质量都有所提高，青瓷也成为人们竞相追逐的时尚物品。到公元 4 世纪末，北魏政权统一了黄河流域，中原地区的社会经济才得到了一定的恢复和发展。受南方先进技术的影响，北方瓷器工艺在这一时期也取得了长足的进步，除了青瓷外，还进一步烧制出了白瓷。白瓷的出现使各种彩绘成为可能，对瓷器装饰影响深远。

三国两晋南北朝时期，北方战乱频繁，导致大量人口从黄河流域迁移到汉水、淮水流域及长江以南地区，染织业发展重心从曾经十分发达的齐鲁地区转向四川、江南等地。这一时期，蜀锦的生产更加发达，大量染织工人从北方迁移到南方，促进了南方纺织业的发展，蜀锦成为蜀国关系国计民生的重要产业，是战备军费的主要来源。另外，荆州、扬州也成为重要的丝织产地。三国时期，四川和江南的织锦工艺迅速提高。蜀国以蜀锦作为国家财政的主要经济来源，沿袭汉制设立专门的锦官管理织锦事务。蜀锦的主要品种有罗、绮、绫等。蜀锦常以经向彩条为基础，以彩条起彩、添花为特色，织造时有独特的整经工艺。十六国时期，北方邺城设织锦属，生产的邺锦极为精美，色彩鲜艳、图案取材广泛、形式多样。其风格样式传承了两汉以来的传统风格，有登高锦、明光锦、博山锦、茱萸锦、蒲桃文锦、韬文锦等。三国两晋南北朝时期，植物纹样应用广泛，出现了以连续纹样和缠枝花纹样为主体，穿插鸟虫花卉的设计形式，形成了“唐草纹”的雏形，常见的有忍冬、莲花、茱萸、核桃、葡萄等。北朝丝织物装饰图案独具特色，改变了汉代以变幻起伏的云气纹为主的风格样式，多为植物纹及兽纹，也包括几何纹及文字装饰。其花纹对称，植物纹以剪影形式为主要特征，外形规整，枝杈无错落交叉，多成排排列；兽纹取静态，多为蹲卧状，无奔跑动态，鸟纹多相对而立，构图形式为横向排列或开窗式，纹样置于方格内。北朝“对羊对鸟树纹锦”（图 4-11），表现出这一时期的典型特征。

另有以规则的波浪状几何框架进行画面分割的样式，形成了独特的艺术特征。南北朝较具特色的纹样还有圣树纹，将树简化为近似叶子的正视形状，具有古代阿拉伯国家装饰纹样的特征（图 4-12）。

图 4-11　对羊对鸟树纹锦（北朝）

三国两晋时期，绞缬应用广泛，可分为以下三种加工方法：其一，以线在图案边缘缝扎抽紧，将图案所在部位的织物用线缚结，或将谷物扎于其内，形成细小的散布纹样；其二，将织物折叠，用对称的几何小板块将缚扎处夹起来，形成几何纹样；其三，将织物做对角或中线折叠，在不同位置进行打结，浸染后打结处呈现着色不充分的花纹。绞缬工艺特征为花纹入色边缘润泽，形成自然渐变，层次丰富。其花纹疏大者有鹿胎缬和玛瑙缬，细密者有鱼子缬等。目前最早的出土实物是新疆吐鲁番阿斯塔那出土的大红绞缬绢（图 4-13），为西凉建元二十年（公元 384 年）的绞缬作品。

图 4-12　圣树纹锦（北朝　新疆吐鲁番阿斯塔那北区出土）

图 4-13　大红绞缬绢（西凉　新疆吐鲁番阿斯塔那出土）

夹缬在北魏时期有很大发展。关于夹缬的文献记载，可追溯至秦汉时期。其做法一般为将织物夹在两块凹形镂空花版中，固定后在镂空处涂色浆印染，打开花版即成图案；或在镂空处涂防染浆料，烘干后再浸染素色织物，除去防染浆料后露出白花色地。夹缬工艺发展到唐代达到鼎盛。

从历史的发展进程来看，三国两晋南北朝时期的金属工艺处于一个衰落的阶段。一方面，青瓷已经发展起来，取代铜器制作出各种生活用品；另一方面，佛教兴盛，铜大量用于铸造佛像。由于青瓷的大量生产，日用铜器逐渐减少，但铜镜、铜印仍然流行，尚有铜盘、铜洗、铜奁、铜炉、铜灯、铜熨斗等，其造型与纹饰多数承袭汉代传统。这一时期，铜镜的形制仍为圆形，镜纽一般为凸起的圆纽，纽边的四瓣柿蒂形叶有的一直伸向镜边缘。主要流行的铜镜有神兽、画像镜及双兽镜、鸾凤镜、夔凤镜等；变形四叶纹镜中以变形四叶八凤镜（图 4-14）居多，神兽镜（图 4-15）流传最广。

图 4-14　四叶八凤佛兽铜镜（西晋时期　湖北省鄂州市出土）

图 4-15　神兽纹青铜镜（三国时期　吴国）

金银器在北方出土较多，且颇具特色，如冠饰、金串珠、金带、金耳环、金银指环、金银带钩等饰品；而车马器、建筑和家具上的金银饰件则在南方和北方都有大量发现。这一时期，金银器的制作技术更加娴熟，器形、图案也不断创新，制作精美，引人注目。其制作工艺和使用风气，受到中亚、西亚地区的影响，为唐代金银器的辉煌发展创造了条件。

髹漆工艺因战乱影响远不及汉代兴盛，很多日用器皿逐渐被青瓷代替。从产量和生产规模来看，漆器已不如汉代那样发达；但其工艺技巧、花色品种都有了新的进展，绿沉漆、斑漆等工艺相继出现。东汉至两晋南北朝期间，从一些文献中可以看出当时漆器的豪华奇巧。梁简文帝《书案铭》一文中，就专为一件彩色漆案写到：“刻香镂采，纤银卷足。漆花曜紫，画制舒绿。”1965 年大同北魏司马金龙墓出土的漆屏风和 1984 年安徽马鞍山三国东吴墓出土的一批漆器，展现了这一时期我国漆器工艺的卓越水平。

随着文化的发展，出现了石头雕砚。山西大同出土的北魏石雕方砚（图 4-16），砚面环饰联珠纹，有两个耳杯形水池，四周雕有乐舞、骑兽、蟠龙、飞鸟，神采生动；砚底中心处雕有一宝状莲花，周围有八朵莲花纹饰，是一件不可多得的案头工艺品。

玉雕陈设品多为玉辟邪、玉瑞兽。如南北朝时期的玉辟邪（图 4-17），其玉料为青白色，局部有深褐色沁斑；辟邪昂首挺胸，张口露齿，脑后有支角，腹侧有羽翅，身上有纹，尾垂于地，作伏卧状，为传世品中的佼佼者。

图 4-16 石雕方砚（北魏时期 大同市南郊出土）

图 4-17 玉辟邪（南北朝时期）

我国在战国时期就已经制作出各种玻璃器皿，但由于铜器、漆器、瓷器的大量生产等原因，玻璃器皿一直没有得到较大的发展。六朝时期的玻璃工艺曾得到一定发展。河北景县封氏墓群中北魏祖氏墓中，出土了一件网纹玻璃杯，高 6.7cm，口径 10.3cm，呈青绿色，杯壁下部有网状凹线装饰。《魏书》大月氏条记载："世祖时，其国人商贩至京师，自云能铸石为五色琉璃。于是采矿其国山石，于京师铸之，既成，光泽乃美于西方来者。"

第5章 隋唐五代时期

5.1 建筑概况

隋朝统一中国后，大兴土木，极大地推动了中国建筑技术的发展。其建筑风格雄伟壮丽，城市规划严谨，分区合理。隋文帝所建的大兴城和隋炀帝所建的洛阳城均为方格网道路系统城市，堪称古代城市建筑规划典范。同时，在水利、桥梁工程方面成就显著。唐代开元、天宝年间，建筑达到最高水平，呈现盛唐风格。

5.1.1 城市建设

隋文帝获得政权后，欲以汉长安城址为基础修建都城，但因其屡遭破坏、区域划分不明确、水中含大量盐碱等原因，在旧城的东南兴建新城，名为大兴；唐代沿此继续建设，更名为长安。大兴仿照洛阳旧城进行整体规划，其建筑规模、布局都与洛阳相似，但改变了先前宫殿、官署、里坊区域划分不清的状况，官署集于皇城，与居民区、商业区明确划分。大兴城依次建宫城、皇城、外郭，宫城与皇城建于中轴线北端，整个城市以轴线为中心对称分布。

唐代都城长安基本沿用大兴城布局，在城外建大明宫与禁苑，城东建兴庆宫，东南角建芙蓉苑与大明宫以夹道相连，使得城市中心东移，偏于一侧。长安城墙以夯土筑成，城内主要有太庙、太社、六省、九寺、一台、四监、十八卫等官署。街道布局为南北并列 14 条，东西并列 11 条，将全城划分为 108 个里坊。其交通便利，贯通城门的大街路面宽阔，但道路全为土路，每逢大雨泥泞难行，排水系统也存在问题。里坊四周建有高大的夯土墙，里坊外沿和沿街部分主要为贵族宅邸和寺院，直接向坊外开门而不受夜禁制度的制约。长安城内建东西二市，周围环绕城墙，四面开门，中央为市署和平准局。西市有许多外国商店，是当时外国贸易集聚中心。

隋唐两代以洛阳为东都，距汉魏洛阳城向西约 10km，平面近似正方形，南北长 7321m，东西长 7290m。洛水贯穿全城东西，并将其分为南北两部分，建有四道桥梁连接南北两区。宫城与皇城位于城北区西部，南临洛水。北区东部和南区共划分为 103 个坊，坊的规模小于长安，坊内为十字形街道。包括北市、南市、西市三个市，其中以北市最为繁荣。城内水路畅通，除洛水横贯全城外，还引伊水、瀍水、谷水入城，并开凿通济渠、通津渠、运渠、泄城渠等几条渠道，使洛阳漕运状况明显优于长安（图 5-1）。

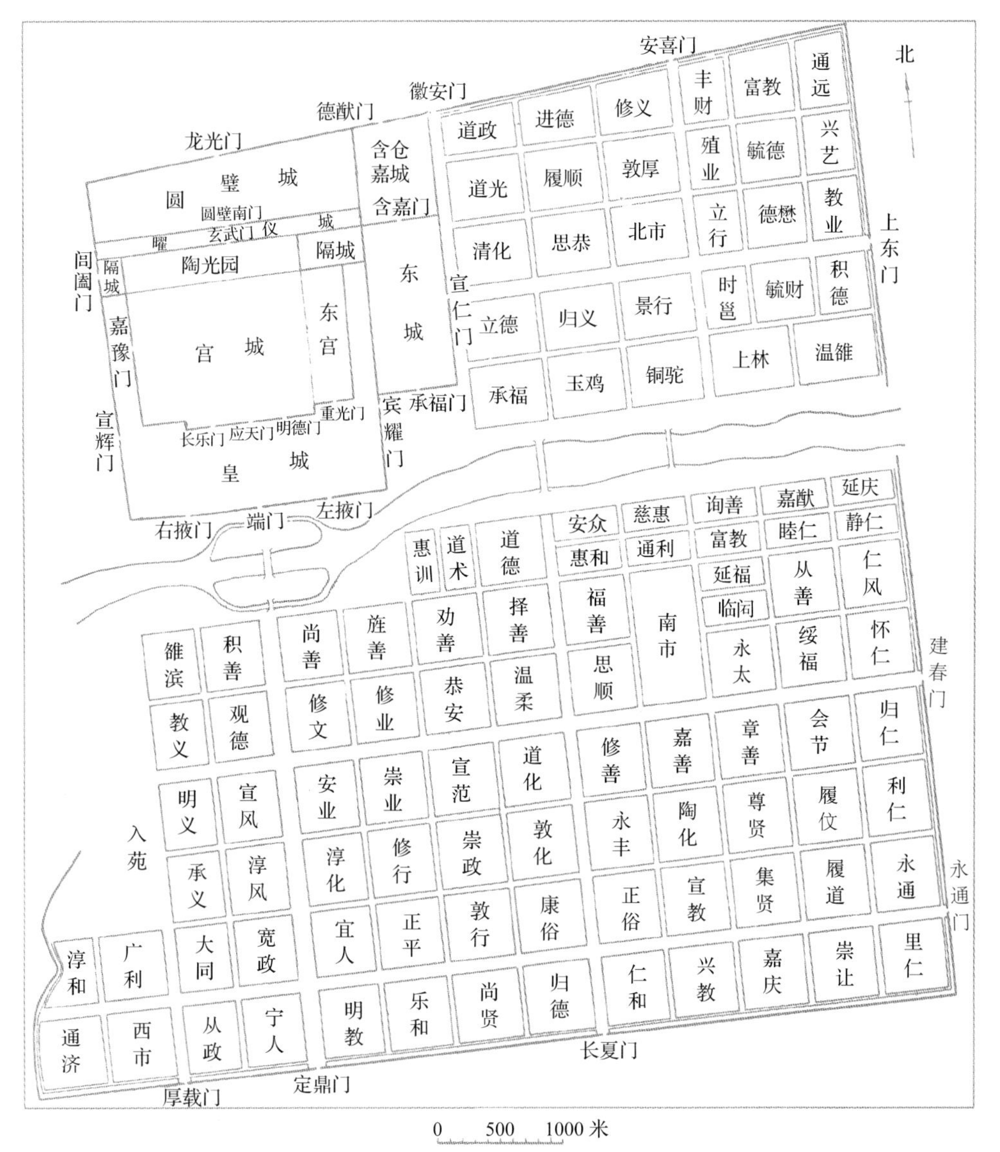

图 5-1 唐东都洛阳城

大明宫位于长安城外东北高地，可俯瞰全城，平面呈不规则长方形。整个宫殿分为外朝、内廷两大部分，采用“前朝后寝”的布局形式。外朝为南北纵列的大朝含元殿、治朝宣政殿、燕朝紫宸殿，宫前横列五门，含元殿左右建有朝堂。内廷部分以太液池为中心布置楼台、殿阁、回廊，形成宫苑结合的园林区。

5.1.2 寺、塔、石窟

（1）寺　寺的修建是隋唐时期一项重要的建筑活动，其数量多且分布广，一些佛寺中拥有大量庄园。隋唐以后的佛寺，以殿堂为主体，基本采用传统住宅的多进庭院式布局，其中轴对称，纵列山门、莲池、平台、佛阁、大殿等。佛塔退于后部或一侧，或建双塔立于大殿或山门之前。较大的寺庙依供奉主体或功能划分为若干庭院。保存至今较为完整的唐代佛教殿堂仅有山西五台山南禅寺和佛光寺正殿。

佛光寺是当时五台山十大寺之一，依山势建造于向西的山坡上，自下而上沿东西轴向分布。正殿面宽七间，平面柱网由内外两圈柱组成，形成内外两槽，宋代《营造法式》中称“金厢斗底槽”。大殿为适应内外槽平面布局，以外槽檐柱和内槽柱及柱上的阑额构成内外两圈柱架，再在柱上施以斗栱，斗栱上以明乳栿、明栿、柱头枋将两圈柱架相连以支持外槽天花，充分体现了结构与艺术的结合。外槽前部进深一间，斗栱只出一跳，内槽在柱上连续四跳，视觉高度逐步提升，形成与外槽截然不同的空间感觉。斗栱高度约为柱高的二分之一，整个屋檐挑出约 4m，大殿坡面平缓，屋檐和缓起翘，人临殿前看不到屋面，更加突出了斗栱的视觉张力（图 5-2）。

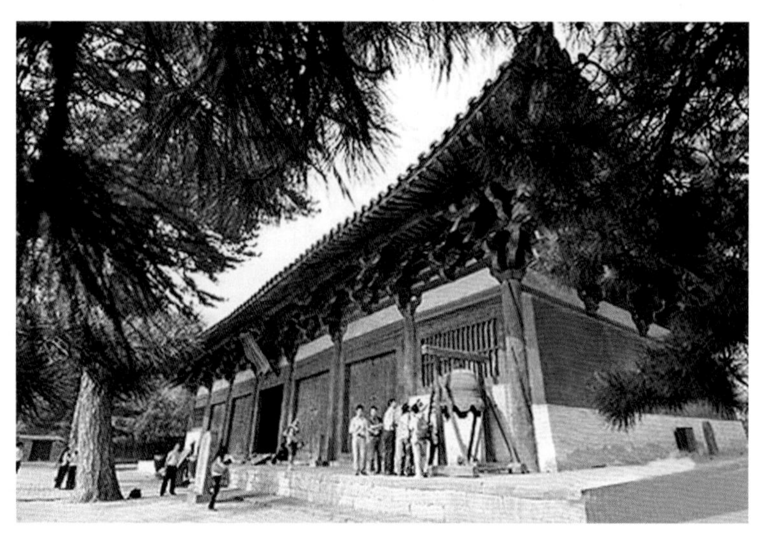

图 5-2　佛光寺

（2）塔　隋唐时期，塔的兴建也处于较为重要的地位。长安城内建有著名的三绝塔、庄严寺木塔、慈恩寺塔等。唐代塔的平面多为方形，由于制砖技术的提高，砖塔逐渐增多。现存石塔有楼阁式塔、密檐塔、单层塔三种类型。砖塔建筑始于北魏中期，到唐代得到广泛发展，各层外壁逐层收进，隐出柱、枋、斗栱等部件，每层有腰檐。

图 5-3　西安兴教寺玄奘塔

唐代遗留的楼阁式砖塔以西安兴教寺玄奘塔为代表（图 5-3）。玄奘塔平面为正方形，高约 21m，以腰檐划分为 5 层。第一层最高，逐层收减高度和宽度，外形有明显的收分。各层表面都用砖砌出斗、柱、阑额等。柱为八角形壁柱，斗采用一斗二升，反映出当时木结构建筑的特点。

密檐塔有云南大理崇圣寺千寻塔（图 5-4）和河南登封法王寺塔（图 5-5）等。唐代密檐塔平面呈方形，多无装饰，塔身收分明显，塔身以上为层层密叠的叠瑟檐，相对地面出檐较长，整个塔中段略外凸，顶部收杀缓和。

图 5-4　云南大理崇圣寺千寻塔

图 5-5　河南登封法王寺塔

单层塔多用作墓塔，或供佛像于其中，模仿木质结构，隐出柱、枋、斗栱构件，平面有方形、六角形、八角形、圆形等多种。其体量较小，一般为 3 ～ 4m。

（3）石窟寺　建造石窟寺的风气在隋唐时期得到进一步发展，唐代达到极盛。石窟寺主要分布于敦煌与龙门。隋代石窟基本延续北朝样式，多有中心柱，但已经将中心柱改为佛座。唐代石窟建筑成分已逐渐减少，窟外已无前廊，多不用中心柱，初唐时流行建前后两室，前面供人活动，后面供奉佛像。盛唐以后改为单个的大型厅堂，在后壁凿佛龛供佛。

5.1.3　住宅

唐代由于经济发展，社会财力雄厚，统治阶级开始建造华美的宅第和园林。但是根据不同的等级，自王公官吏至庶人的住宅，其门、厅大小、间数、架数以及装饰、色彩都有严格的规定，充分体现了中国封建社会严格的等级制度。

隋唐五代具体形象可从文献记载和敦煌壁画及绘画作品中找到佐证资料。贵族宅第大门有些采用乌头门形式，有些为庑殿顶形式。宅第内两座房屋间用具有直棂窗的回廊绕成四合院，或为不对称的形式。普通住宅在展子虔所作的《游春图》中多有体现，不用回廊，直接以房屋围绕成院落，多用中轴对称的平面布局。

5.2　室内空间和室内设计

发展至隋唐五代时期，室内平面形状变得多式多样起来，不再全是方形或组合方形，异形平面也多了起来。这一时期，有“日”字形平面、“目”字形平面、“回”字形平面，还有正方形平面、十二边形平面、二十四边形平面、八角形平面等。其中，“日”字形平面有大明宫玄武门内重门，“目”字形平面有大明宫含元殿，“回”字形平面有大明宫麟德殿，这三种形式仍为组合方形。

室内平面按柱网布置是这一时期室内的一大特点。尤其是殿堂，如大明宫中的含元殿、麟德殿和玄武门，还有佛光寺大殿，它们的大殿都建在低矮的台基上，平面柱网都由内外两圈柱组成（图 5-6）。

在现存的唐代佛寺建筑室内，发现了一个很明显的现象，那就是室内空间以佛坛为重心，在佛坛上供奉佛像，加重空间主体性雕塑中心地位的同时，在地面上将其与室内其他部分的构成区隔开来。当然，这种区隔并不是单一地通过佛坛来完成的，有的时候是结合佛像上方的藻井。

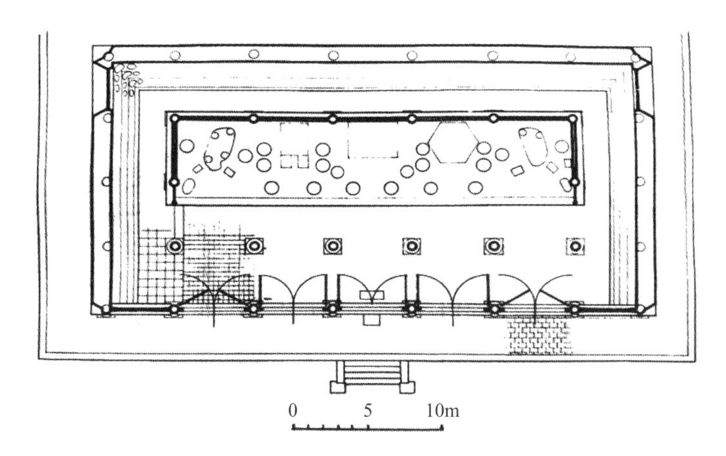

图 5-6　佛光寺大殿平面图

佛光寺是会昌灭法之后重建的，其面阔七间，进深四间，有单檐；室内平面功能以佛像为主体，中有一“凹”字形佛坛，佛像设于佛坛上，佛、弟子、菩萨、金刚、供养人等塑像济济一堂，或坐或立，布满佛坛，共 35 尊。通过保持构架稳定的铺作层向外挑出屋檐，向内承托室内天棚，室内天棚的梁架形式是房殿形屋顶结构的梁架，如图 5-7 所示。大殿由檐柱和内柱形成柱网承托着梁架，雄大的斗栱将屋檐挑出，整垛斗栱高度与檐柱高度的比例约合 1/2。东大殿的斗栱种类很多，殿内有小方格的平简天花板将殿内部分梁架隔开，柱、额、斗栱、门窗、墙壁全部用土红色涂刷，不施彩绘，素雅简洁，格调古朴。殿内至今还保留有 60 多 m^2 的壁画，这些壁画分别处在建筑室内的不同位置，壁画内容大多是佛教题材。在 1964 年的一次施工中，发现明间佛座后还有一小幅壁画，被称为是佛光寺另一绝。

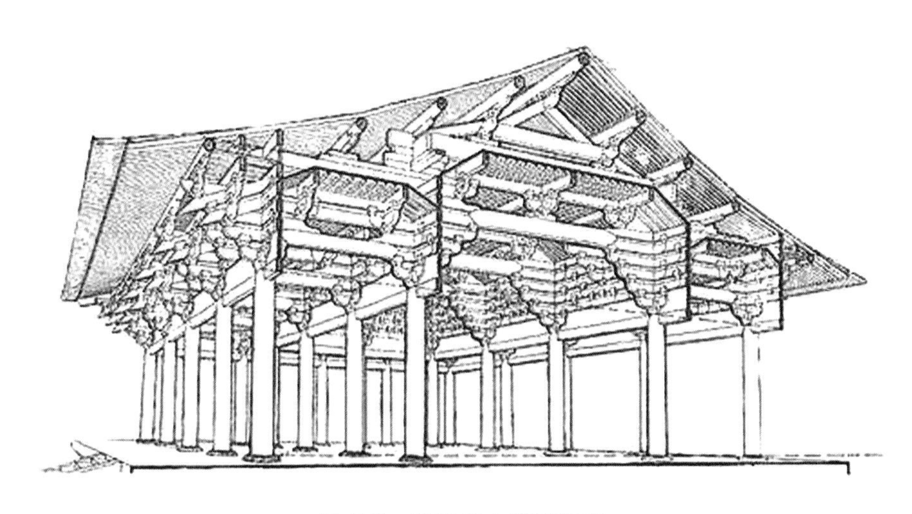

图 5-7　佛光寺大殿结构图

南禅寺大殿建于唐德宗建中三年，是村落中的小佛寺，相当于村佛堂，属于木构架中的厅堂型构架。其面阔三间，进深三间，宽 11.75m，深 10m，为灰色筒板瓦单檐歇山式屋顶，屋面坡度极为平缓，四翼如飞。其室内特点是平面布局上无内柱，中有“凹”字形佛坛，上供佛像，共有 17 尊唐代彩塑。室内用两道通进深的梁架，为四椽袱架构，转角处阑额不出头，阑额上不用普柏枋。这种结构是唐代特有的做法，大殿只有柱头斗栱和转角斗栱，无补间斗栱，斗栱为五铺作，用材很大，出檐深远。室内墙面上有由斗栱和梁枋形成的横长条的木制壁带，一则起到加固作用，二则方便梁架与墙体交接处的衔接。墙体的木柱在室内为不可见状态，下层壁带与上层壁带之间，墙内的木柱处有柱头斗栱，在室内可见，形成装饰连接件，一方面起装饰作用，另一方面可起支托梁柱的作用。在这一时期，斗栱的构件功能和装饰功能很完美地统一在一起，是斗栱发展的鼎盛期。

5.2.1 隋唐室内设计要素

隋唐时期，室内平面突破了方形一统天下的格局，异形平面形式空前发展，出现了十二边形平面、二十四边形平面、八角形平面。在五代时期尤以八角形平面为代表。

平面功能上多以院落式布局，一殿前有门，左右建阁，殿与阁之间用回廊连接，平面按柱网布置，整体布局疏朗。佛寺建筑室内往往设佛坛，上供神像。佛坛是佛寺殿堂的主体部分，其形状有“凹”字形，也有方形，且居中布置。

（1）室内地面　这一时期往往将比较重要的、等级较高的建筑置于高台上或高地上，周围再配以低矮的次要建筑。高等级的佛殿、宫殿室内地坪明显高于院落地坪，通过台阶进入室内。如含元殿就是建在高出南面地面 10m 以上的高岗上，通过龙尾道、陛、阶出入。

（2）室内墙面　南北朝末期建筑结构技术的进步，导致了全木构架的出现。在大型宫殿建筑、佛殿建筑室内已使用了全木墙壁；厅堂式建筑室内，如佛堂里，则采用砖墙，并采用了涂刷工艺，一般刷白。唐代遗留了很多砖墙，表明当时砖在建筑室内已较普遍使用，砖间一般用黄泥浆胶结，墓室内多有壁画。唐代壁画的总体特点是多用规模宏大的佛经故事图作为主体，在同一画面上表现出整体佛经的复杂内容，画中形象写实，用笔细腻，色彩上除了继承过去的传统，还以石绿和黑色为主调。在敦煌莫高窟第 45 窟中的唐时绘制的无量寿经壁画中，设色浓艳，有红、绿、赭石三种搭配，图中绘有佛寺详细的建筑形象；在唐代永泰公主墓的壁画中，有动物的形象（如云龙、虎），有人物的形象（如侍女、武士），也有场面图（如仪仗图、出行图）等；在唐代李憬墓室内，墙面有墙裙，是裸露的条砖。

（3）室内顶面　在佛寺建筑中，室内天棚主要有两大类，即佛殿式和佛堂式。佛殿式的室内天棚多有天花或藻井，如佛光寺的室内是小方格平简式的天花，其天棚梁架以梁为标准分为明袱与草袱。镇国寺万佛殿虽系五代时皇家所建，但多为裸露梁架结构，室内天棚有雀替、梁、枋、斗栱等构件，木构架用朱色漆彩。佛堂式为地方乡里所建，多无天花，如南禅寺所用的是两道通进深梁架。陵墓的墓室内则多用穹窿顶，并绘有日月星辰，走道多用券顶，有彩绘壁画。

（4）室内门窗　隋唐五代时期门窗朴实无华，给人以庄重大方的印象，多用版门和直棂窗，门多涂以朱色，隋代“临大街，门普为重楼，饰以丹粉”。窗涂以绿色。唐代的直棂窗，一种是以楞木竖于窗孔间，其间空距约一寸，其余空档处用木板或砌砖或编竹涂泥粉刷；另一种是建在殿堂门两侧的槛墙上，其例甚多。这一时期也有支摘窗，漏窗多用于住宅、园林中，门在塔、陵墓中还多有拱券门。

5.3　家具

隋唐五代时期，低型家具向高型家具转型。这一时期是中国家具形式的大变革时代，家具在品种、工艺、材料上具有很大发展并体现出新的特征，家具与艺术风格相一致，以浑圆为美，装饰趋于多样化，用料厚重，制作工艺精湛。唐代国力强盛，贸易发达，社会经济、文化一片繁荣，并对各种外来文化采取包容的态度。当时胡人的生活方式成为一种时尚，再加上佛教文化的大发展，使得胡床、凳、墩、椅等高型坐具在中原得到进一步发展。垂足而坐的“胡式”起居方式已流行于宫廷，进而影响到民间。同时，抬梁木构架结构建筑工艺的成熟也使得室内空间更为宽大，对家具陈设的发展都起到了积极的推动作用。

隋唐时期，垂足而坐与席地而坐的习惯同时存在，出现了高矮型家具并用的局面。这一时期的高型家具有各类桌、案、凳、椅和床，后世所用家具类型已基本具备。家具的造型简洁实用，朴素大方，结构趋于合理，嵌钿及各种装饰工艺被进一步运用到家具上。高型家具经五代至宋代已日趋定型，并且衍化出了高几、琴桌和床上小炕桌等新的家具样式。

到晚唐五代时期，高足高座家具已普遍为汉民族所接受，家具制作工艺也逐渐形成了文化的自身特色。这样，以桌为代表的新型家具渐渐取代了床榻的中心地位，席地起居的生活方式逐渐过渡为垂足起居的生活方式。中国家具经历了历史上最深刻的一次变革。

5.3.1 高型坐具

高座家具的完全应用，使人们的生活发生了翻天覆地的变化，室内形式也以这一时期为分界点，体现出与以前截然不同的面貌。唐末五代时期的陈设家具，以五代时期顾闳中所绘《韩熙载夜宴图》为例，有长桌、方桌、长凳、椭圆凳、扶手椅、靠背椅、圆几、大床等；五代画中还有大屏风，其前室为室内主要活动空间。

凳、墩等家具的发展源于佛教文化的传播与繁荣，自三国两晋时期传入汉地至唐代得到极大发展，并在日常生活中得到推广。凳的样式和种类有长条形凳、方形凳、月牙凳，在当时的壁画及绘画资料中常见这类家具的出现。例如，在陕西长安南里王村唐墓壁画中可看到四足长桌和长凳（图 5-8），其中凳面涂朱红色，有九人围桌宴饮；在《春宴图》《演乐图》（图 5-9）和《孝经图》等绘画作品中也均出现了方形凳。

图 5-8 陕西长安南里王村唐墓壁画中的长桌与长凳（唐代）

唐代坐墩常见的有圆形坐墩和腰鼓形坐墩两种形式。在三国两晋南北朝时期，佛教壁画中常有腰鼓形坐具出现。唐代坐墩进一步发展并流行于世俗生活中，在宫廷绘画作品中常出现这种坐具。

唐代的月牙凳是一种十分具有特色的坐具。其凳面呈半圆形，体态敦厚，凳面略有下凹弧度，四足雕花，以大漆彩绘花卉图案为主要装饰手法，凳侧装有金属环，环上有彩穗，面上再加绣垫，华美精致。在《宫乐图》（图 5-10）《捣练图》《挥扇仕女图》和《内人双陆图》中都出现了此种形制的坐具。月牙凳与妇女丰腴圆润、雍容华贵的体态十分协调。

图 5-9 《演乐图》中的方凳（唐代　周昉）

从现有资料来看，使用椅子这一具体名称始于唐代，椅子从佛教坐具开始走向了世俗人家。唐代椅子的样式及品种均得到了很大发展，有扶手椅、靠背椅、圈椅等多种形式。圈椅是唐代新兴的家具，唐代画家周昉在《挥扇仕女图》中便描绘了一位贵妇手持团扇，坐在华美的圈椅上夏日纳凉的情景。圈椅的装饰与月牙凳相似，两腿之间饰以彩穗，后背和扶手一顺而下，形成连为一体的流畅曲线。

胡床带来了垂足而坐的坐姿习惯，到了唐代，这一变化更加突出，具体表现在坐具的丰富变化上。受胡床影响的坐具大都座面较小，适用于垂足坐姿。

图 5-10 《宫乐图》中的月牙凳（唐代）

5.3.2 高型桌案

高型桌案的出现在隋唐五代时期的家具发展中极具特色。由于垂足而坐方式的改变，对案的形式要求也产生了改变，摆放的位置从置于床上变为地上摆放，高度也随之做出调整，向高型家具转化。唐代桌子的使用也逐渐增多，有方形桌和长条形桌。方形桌的面板为方形，四足，有的在桌腿之间加横枨。长条形桌的桌面呈长条形，分为四足型和壶门足型。

五代时期，高型家具比唐代更为普及，桌、椅的使用也更加普遍起来。从顾闳中的《韩熙载夜宴图》（图 5-11）中可以看出，桌椅已经成为一种常用的家具，其形式结构也更加成熟。椅子搭脑出头上挑，腿足之间有横枨，并配有椅背。

图 5-11 《韩熙载夜宴图》中的桌、椅（五代　顾闳中）

5.3.3 床、榻

隋唐五代时期，低矮家具在生活中仍普遍使用，与高型家具同时存在。此时，床的总体设计趋势为由低向高发展，床榻下部多以各种壶门结构作为装饰，并逐渐向框撑案形的方式发展，形成壶门台座形结体和案形结体两种结构。如张萱的《明皇合乐图》（图 5-12）中，唐明皇仰卧在一张案形大床上，床体以四足承托，又称四足式床。盛唐到五代时期的床、榻已普遍增高，按足座形式可分为以下三类：其一为方座式，下部流行壶门托泥座，有的床上还支以“胡帐”，座面绘以壶门、忍冬、莲花等纹样，佛教特点十分明显；其二为高足式，各足之间无座围相连，但两足之间出现了横枨（多施于两窄端的足部之间)，足与板面采用传统的榫卯结合方式；其三为带足围和屏壁的封闭式，即四面各足之间有围板，床榻两侧背后有画屏或围屏。

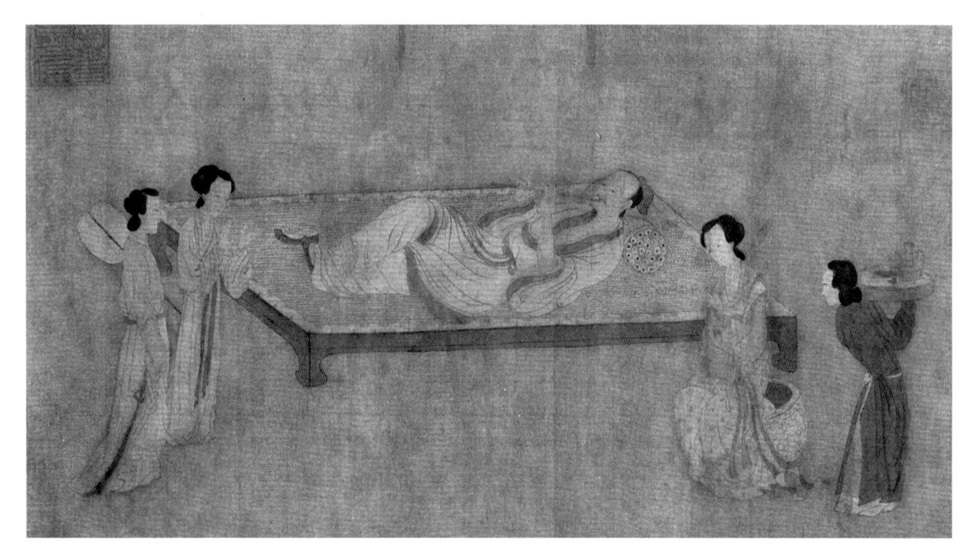

图 5-12 《明皇合乐图》中的四足式床（唐代　张萱）

唐代敦煌壁画及唐代绘画中常见榻的形象，有独坐的小榻、双人榻、大榻等，其使用在起居中仍十分流行。榻有四足榻和壶门榻两种结构形式。如唐代阎立本所绘《历代帝王图》（图 5-13）中的独坐小榻，即为壶门结构，榻的座面下带有冰牙沿，与壶门结构相结合。在陕西富平李凤墓出土的唐三彩榻（图 5-14），同样为这种结构。

图 5-13 《历代帝王图》中的壶门榻（唐代　阎立本）

5.3.4　屏风

唐代屏风制作十分精美，成为室内装饰的重要组成部分。直立板屏基本传承汉代形式，制作工艺与装饰更加精美；曲屏有了更大的发展，六曲、八曲均为常见样式。屏面的材质也更加多样化，出现了夹缬、蜡染、羽毛贴花等工艺。在装饰题材上常采用经变故事、前代君臣事迹等连环画，以及仕女、山水、动物、花鸟等。

图 5-14　唐三彩榻（唐代　陕西富平出土）

5.3.5　装饰

唐代家具装饰风格华美，生活气息浓厚。家具用料多样化，包括黄杨木、紫檀、黑檀、黄花梨、桑木、柿木等。运用螺钿嵌、镂雕、金银绘、木画、平脱等多种装饰手法。其中，木画为唐代新创造的装饰工艺，以染色的黄杨木、象牙、鹿角等制成花纹镶嵌于紫檀等木材上。在装饰纹样上多采用植物花草、人物山水、飞禽走兽等生活题材，完全摒弃了战国秦汉时期的神秘气质，充满生机，轻松活泼（图 5-15、图 5-16）。

图 5-15　螺钿黑漆经箱（晚唐时期　江苏苏州瑞光塔出土）

图 5-16　鎏金花鸟孔雀纹银箱子（唐代　陕西西安南郊何家村出土）

唐代椅、凳、高型桌案等家具的使用在宫廷中十分流行，同时传统的低型家具仍然占有重要地位，两者并存。家具形体丰满、圆润、博大，造型中多用弧度向外的曲线，与唐代以胖为美的审美特征相吻合。在装饰上大量应用植物纹样，充满生活情趣，装饰技术多样化，为家具的形式设计提供了更广泛的发展空间。五代时期，高型家具的应用更加普遍，风格较唐代简朴。

5.4　陈设

隋唐五代时期国家统一、社会安定、经济繁荣。北方瓷窑的数量急剧增加，一改南北朝时期落后的面貌，总体上形成了“南青北白”的格局。南方是以越窑为中心的诸窑，以烧制青瓷而闻名；北方则是以邢窑为中心的诸窑，以烧制白瓷而闻名。越窑的青瓷与邢窑的白瓷，分别代表了南、北瓷器工艺的最高成就。此外，长沙窑出现了釉下彩绘工艺，也具有非凡的历史意义。唐三彩更是把低温铅釉技术与陶塑艺术推向了历史的高峰。由于北方瓷窑历史较短，没有多少陈规可墨守，与南方瓷窑专烧青瓷不同，北方瓷窑除了白瓷之外，也兼烧青瓷、黑瓷、花瓷等品种，相对于保守传统的南方瓷窑更具探索精神。

金属工艺，以金银器和铜镜两大类最为发达，具有较高的艺术成就。金银器皿作为一种豪华而贵重的生活用具，在隋唐时期有着重大的发展。在唐代，皇家设有金银作坊院，所产物品称为“官作”，而民间工匠所营金银器则称为“行作”。这一时期是我国金银器发展史上的重大变革时代，除了丰富的中国传统工艺和装饰风格外，还有许多从西域传入的外来文化元素，金银器无论从制作工艺还是装饰纹样都有外域文化的烙印，开创了中国金银器的崭新面貌。中国古代金银器皿自唐代起日渐兴盛，品种丰富，造型别致，纹饰精美的金银器（图 5-17）会使人联想到唐代文化艺术的昌盛。唐代金银器可分为食器、饮器、容器、日用杂器、装饰品及宗教用器等，多为生活用具，造型优美，富有变化，纹饰生动。鲜花异兽布满于闪闪发光的珍珠地（又称鱼子纹）上，绚烂富丽，光彩照人。其装饰技法多以毛雕、浅浮雕、鎏金及镶嵌等技术为之，反映了唐代金银细工高超的工艺水平。

图 5-17　鎏金银香薰球（唐代　陕西西安南郊何家村窖藏出土）

隋唐时期由于陶瓷工艺的发展及金银器工艺的兴起，青铜铸造业继续衰落。这一时期，铜镜的制作再度繁荣，出现了第二次高潮，在中国青铜铸镜史上占有重要地位。唐代铜镜的造型、装饰、铸造工艺都独具一格，制作工艺精巧，纹饰富丽多彩，镜面光洁平滑，微向外凸，可以照全人面；镜身厚，青铜合金中锡铅比例增加，镜子颜色洁白如银。相传盛唐时期，将农历八月五日唐玄宗的生日定为“千秋节”，有皇帝向群臣赐镜的习俗，百官也以铜镜作为礼品互相赠送。

唐镜的品种丰富多彩，除传统的照面镜外，还有方丈镜、礼品镜、道具镜（跳舞的道具)、透光镜(魔镜)。造型则突破了传统的圆形，流行各种花式镜，有菱花镜、葵花镜、四方倭角镜(图5-18)和无纽带柄手镜，使用更为方便。菱花镜(图5-19)是指形制为菱花外形的铜镜，是唐代花式镜中最具特色的一种铜镜。唐镜庄丽丰满，风采迥异，质纯而精，镜面光亮平滑，出现了写实的花卉纹饰，加上浅浮雕工艺的表现手法，格外富丽堂皇，也反映了唐代鼎盛时期欣欣向荣的气象(图5-20)。

图5-18　双鹰猎狐纹铜镜(唐代　四方倭角形)

图5-19　菱花形禽兽纹铜镜(唐代)

纺织、印染业是隋唐五代时期最大的手工业部门。农业、手工业、贸易业的蓬勃发展使纺织、印染技术得到大幅度提高，纺织品产量与品种都达到空前数量。唐代丝织生产有官营、民营两种作坊。唐代前期，丝织生产以北方定州为中心，安史之乱以后转向江南。唐代织物品种主要包括锦(图5-21)、绫、绢、罗、纱、绮等，除作为生活消费品外，还作为日常交换的实物货币被广泛使用。我国的丝绸远销今东南亚越南中南部，印尼爪哇岛、苏门答腊岛、巴厘岛等地区，并通过海上丝绸之路销售到今南亚的孟加拉国、斯里兰卡、印度等地。广东广州、江苏扬州、福建泉州成为以出口丝绸为主的贸易中心，港口商船集聚，集市热闹繁华，各国商人以奇珍异宝换取中国精美的丝绸。唐代蜀锦仍然十分有名，四川的丝织贡品是当地政府的重要财政经济来源，除成都府蜀郡(益州)外，又增加了蜀州安郡(重庆)、绵州巴西郡(绵阳)作为皇室贡锦地区。蜀锦生产自中唐以后进入全盛时期。

隋代立国时间较短，到目前为止，还没有发现隋代的漆器，关于漆器制作的文献资料也较少。据《漆书》记载，隋炀帝曾于流杯殿上作九曲漆渠，和宫人们作曲水流觞之饮。到了唐代，漆器得到普遍的发展，产品多为生活日用品，如镜、瓶、盘、盒、盂、勺，以及箱、床之类的家具等。漆器品种不断丰富，装饰手法更加精美。如河南郑州出土的金银平脱羽人花鸟镜，是唐代漆工艺中的珍品。剔红漆器，以玉石、蚌壳做镶嵌装饰的漆器，为我国古代漆器装饰技法开创了新风。唐代襄州的库路真漆器，不仅闻名全国，而且“天下以为法”，称之为“襄样”。据《唐书·地理志》记载，襄州、澧州等均以漆器作为贡品，漆器被列为税赋的一种物品。

图5-20　海兽葡萄纹镜（唐代　河南省陕县唐墓出土）

图5-21　花鸟纹锦（唐代　新疆吐鲁番阿斯塔那出土）

唐代和平昌盛，国泰民安，经济繁荣，丝路畅通，玉雕艺术由衰转盛。其构图新颖，刀法娴熟，工艺精巧，注重整体造型的准确，在细部刻画上下功夫，大中显精神，细中见灵气，具有丰满健壮、雍容大度、浪漫豪放的时代气息。上层社会把人物、仕女、动物、花卉等当作艺术与审美对象，与当时的绘画风格相同，以现实生活为题材，并有新的发展，具有浓烈的世俗人情味，是雕琢艺术与内容交织在一起的现实美。唐代玉雕制作时重视选材，以和阗青白玉为主，其他玉料少见；此外，大量的杂玛瑙、透明水晶等材料多数不见于国内矿藏，可能是来自西域。在雕刻技艺上，唐代玉雕吸收当时的雕塑与绘画手法，使用传统的铲地、镂雕与圆雕，大量使用阴刻细线，用阴刻表现细部，与绘画线描一样。

隋唐时期，砚材的种类及形制较前代丰富。当时的陶、石砚多为后部有二足的箕形，石砚已开始讲究石材，以端溪石制成的端砚最佳，为书法家和历代文人墨客所珍视，瓷砚更加盛行。除三足圆形砚外，还有多足辟雍砚，可在中间研磨，周围有水槽。唐代开始烧制三彩砚、澄泥砚。澄泥砚出于山西绛州（今新绛），传说是用汾河泥加以漂洗淘澄出的细泥烧制成的。

第6章 宋辽金时期

6.1 建筑概况

宋代建筑艺术开始趋于繁丽、细致，宋中叶之后更趋纤丽文弱。宋代曾建了大量的宫殿，也有非常繁华的城市，都因为战争而湮没了。但仍然留存了大量的佛寺、塔幢、木结构实例，风格变化多样，遗存比较丰富。宋代出现了《营造法式》一书，详细规定了建筑设计、结构、用料、施工规范，图文并茂。两宋建筑趋向细密华丽，装饰繁多，整体风格轻盈秀丽，与唐代、元代的雄壮风貌有所不同。

6.1.1 都城与宫殿

宋代以后，我国城市建设进入开放式街市期，北宋都城汴梁取消了夜禁制度和里坊制。在管理中采取若干街道成一厢的方法，每厢分成若干坊。城中到处设有临街店铺，商业发达，州桥大街与相国寺等地带夜市繁荣，通宵经营。著名的《清明上河图》(张择端所作) 便描绘了汴河漕运繁荣的景象。

6.1.2 寺观、佛塔

1. 寺观

宋辽金时期保存下来的建筑以寺观、佛塔居多。现存的有北宋时期太原晋祠、河北正定隆兴寺，南宋时期苏州玄妙观，辽代蓟县独乐寺、大同下华严寺，金代大同善化寺等部分建筑。

北宋晋祠（图 6-1）位于太原西南郊悬瓮山脚下，依山傍泉，整个祠庙建于浓荫曲水的环境中，极具园林情志。沿中轴线建戏台、金人台、献殿、鱼沼飞梁、圣母殿，其中以正殿、殿前鱼沼及其上飞梁、沼前献殿与殿前金人台为整个晋祠的建筑布局中心。圣母殿整体风貌秀丽，殿顶为重檐歇山顶，角柱升起很高，檐口及正脊做明显下弧弯曲状，斗栱结构比唐代繁密。殿身五间，四周有重廊，前廊木柱雕盘龙，殿内无柱。殿内有彩塑圣母及侍女 43 尊，是宋代雕塑中的精品。殿前汇集泉水建方形鱼沼，上修十字形石桥。

图 6-1　北宋晋祠

独乐寺观音阁（图 6-2 ～图 6-4）重修于辽圣宗统和二年，是现存最早的高层木结构阁楼，存有体量最大的泥塑观音像。观音阁外观为二层，实际为三层结构，阁内中间有一暗层。顶部为单檐歇山顶，斗栱硕大，出檐长达 3m，檐面缓慢起翘，尚存唐代遗风。观音阁面宽五间，进深四间，通高 23m。全阁有柱列内外两层，外檐柱 18 根，内檐柱 10 根，其间以梁枋连接，构成内外两层空间。另外，为容纳庞大的泥塑观音像，观音阁内部修成了一个空井，观音像直达殿顶。

2. 佛塔

宋代较少采用木塔，大多为砖石塔。其平面多呈八角形，玲珑华丽；流行楼阁式塔，塔身为筒形结构，内部往往以木质楼板分为数层，墙面及腰檐模仿木结构建筑形式或运用木结构屋檐。较具特色的石塔有河北定县开元寺料敌塔、河南开封佑国寺塔（图 6-5）。

图 6-2　独乐寺观音阁

图 6-3　独乐寺观音阁内部

图 6-4　独乐寺观音阁剖面图

开元寺料敌塔建于北宋时期，定县地处宋辽边界，登此塔可供宋兵瞭望，因而得名。塔平面为八角形，共 11 层，塔高 84m，是最高的古塔。佑国寺塔在塔身外侧贴附一层铁色琉璃，是我国现存最早的琉璃塔，其通高 55m，平面为八角形，共 13 层，仿木构楼阁式砖塔，内部用砖砌筑，塔身外部砌筑仿木构门窗、柱子、斗栱、额枋、塔檐等。塔身外壁镶嵌有色泽晶莹的琉璃雕砖，有飞天、麒麟、游龙、雄狮、坐佛、花草等50多种图案。塔身飞檐翘角，造型秀丽挺拔、细密华丽，具有典型的宋代建筑风格。塔底层每面阔4.16米，向上逐层递减，层层开窗。塔内有砖砌的螺旋式磴道，绕塔心柱盘旋而上，经168级台阶登塔顶，开封风貌尽收眼底，是著名的汴梁八景之一。

图6-5　河南开封佑国寺塔

另外，还有南宋泉州开元寺石塔、辽代砖石密檐北京天宁寺塔。采用砖身木檐形式的塔多建于江南地区，主要有南宋苏州报恩寺塔、瑞光寺塔，杭州六和塔。

6.1.3　住宅

随着里坊制解体，宋代住宅建设更为自由。小型住宅平面多为长方形，屋顶多用悬山顶或歇山顶。中型住宅外建门屋，内部为四合院形式，以前厅、穿廊、后寝组成“工”字形，多有大门，东西为厢房。贵族官僚大型宅第外部建乌头门或门屋，院落周围为了增加居住面积多以廊屋代替回廊，进入大门后以照壁相隔。这种住宅布局依照前堂后寝的原则，在厅堂与后寝之间以连廊连成“工”字形或“王”字形，堂、寝两侧建有耳房、偏房。与唐代房屋多采用板门、直棂窗不同，宋代大量使用格子窗、格子门，改善了采光效果。江南一带住宅布局有的采用规整对称的院落，有些房屋错落有致，依自然环境而建，形成住宅兼园林的特征。

民居的具体形制，只能间接地从绘画材料中获取。在农村中的住屋比较随意，一般最下层农民的住宅仍为草屋，不过三间或两间；稍富裕的农户民居规模增大，形制上变化很多，有一字式、曲尺式、工字式以及各种组合式，草顶瓦顶相结合，还有的有竹席遮阳的外檐，除了直棂格窗以外，也有固定的花格窗等。从北宋《千里江山图》中反映的农村民舍可看出上述的情况。城市民居亦有很大的变化，即以房屋围成四合院，适当地以廊屋串联的形式，以合院制代替廊院制成为主流。这种形式很适合城市用地昂贵的条件，同时增加了建筑密度，提高了建筑的使用面积。城市民居几乎全是瓦房，如北宋张择端《清明上河图》中所绘场景，图中“四水归堂”式的民居，后来在人口稠密、气温湿热的南方地区广为采用。大型府第有大门、影壁、正厅、中门、后寝等，大门的入口做成“断砌造”，以便车马出入。大型住宅的形制也常采用工字厅和王字厅。

6.2 室内空间和室内设计

6.2.1 室内空间

随着室内空间的发展，内柱还派生出另一重要功能——分隔空间。柱式不同于其他围合因子，它分隔的空间与墙体等分隔的空间有着本质的不同。墙体、帷幕、隔断等的分隔，在平面上是以线的方式来隔断的，在空间上则是以面的方式来进行划分的，所围合的空间是实在的、具体的、连续的，或封闭或半敞开，看得见、摸得着。而柱式的分隔，在室内平面上是以点的方式来进行划分的，在空间上是以线的方式来进行划分的，所围合的空间是隐性的、抽象的、发散的，完全开敞，不容易感知，在若有若无之间，只有具体使用的时候，这种围合才凸显出来。

始建于唐代的河北蓟县独乐寺，经辽代重建的山门就是采用分心槽方式。山门面阔三间、进深两间四椽，平面面积约为 150m^2，有中柱一列，室内平面的中柱即宋《营造法式》中的分心槽式样，柱的收分小，但有显著侧脚。

在柱式对室内空间的划分中，有特意改变原来柱式的布置而尽可能获取室内连续空间的手法。这类手法不是以结构布置为目的，而是以空间布置为主因，它所采取的改动不仅与结构无关，有时候甚至与结构相悖，其最终目的是为了突破结构对使用空间的限制。这类手法分为两种：一是移柱法，二是减柱法。

宋辽金时期建筑中将若干建筑移位而腾出有利空间的方法，称为移柱法。如金代山西大同上华严寺的大雄宝殿，其中央五间前后檐的内柱都向内移了一椽的长度。元代室内也大量使用移柱法，将若干内柱移位，以获取更大、更便利的空间，并且尝试摆脱室内柱式对空间的束缚。

这一时期的室内木构大部分都趋向规格化、定型化，有相当严格的规矩做法，通过互相搭配取得不同的艺术效果；但也很注意细微的变化，既可远看，也可近赏。

对木结构主要构件的艺术加工，主要有两种手法。一是卷杀，即将柱、梁、枋、斗栱、椽子等构件的端部砍削成缓和的曲线或折线，使构件外形显得丰满柔和。每种构件的卷杀都有一定规矩，在一定的时期有一定的风格，如宋代的梭柱，规定将柱身依高度等分三份，上段有收杀，中下两段平直。二是将结构构件的端部做出各种花样，如官式建筑中将梁枋端做成拳形（霸王拳）、卷云头、出锋等；非官式建筑的花样更多，常常雕成各种植物和龙、象等兽头形。

6.2.2　室内设计

（1）室内平面　辽代墓室平面除方形、六角形、八角形外，还采用了圆形平面（可能与游牧民族居住的穹庐、毡包有关）。宋代宫殿室内平面的创造性发展是使用工字殿（这种平面在唐代用于官署建筑，称为“轴心舍”），并且使用了御街千步廊制度。元代宫殿建筑室内，也往往采用前后殿宇中间连以穿廊的工字殿平面形式。这是宋式风格宫殿平面的继承。明清时期也沿用了此形制。这种工字形平面究其根源，其实是脱胎于原始社会房屋的“吕”字形平面的。

（2）室内墙面　墙面多有墙砖镶饰，且多有壁画，如宣德楼“下列五门，皆金钉朱漆。壁皆砖石间甃，镌镂龙凤飞云之状……莫非雕甍画栋，峻桷层榱。覆以琉璃瓦，曲尺朵楼，朱栏彩槛。”“玉清照应宫，木石彩色颜料均四方精选，殿宇外有山池亭阁之设，环殿及廊庑皆遍绘壁画。”

相国寺“大殿两廊，皆国朝名公笔迹，左壁画炽盛光佛降九曜鬼百戏，右壁佛降鬼子母揭盂，殿庭供献乐部马队之类，大殿朵廊皆壁隐楼殿人物，莫非精妙”。在室内墙面壁画中，壁画的内容也反映出元代的一些社会风貌，如山西洪洞水神庙内的元代杂剧壁画。

（3）室内天棚及梁架　宋代藻井发展由简到繁，较少采用小方格组成的平棊。

重要建筑正中设藻井，有圆形、方形、菱形及覆斗、斗八等形式，尊贵的建筑中藻井层层收上，用斗棋、天宫楼阁、龙凤等装饰，并满贴金箔，富丽异常。

6.3 家具

宋辽金时期，垂足而坐代替了自商周时期以来席地跪坐的起居方式，是我国高型家具体系的形成期。高型家具从上层社会走向寻常人家，桌椅在人们生活中广泛应用；人们的活动也从以床为中心转移到以桌为中心。高型家具系统基本确立，促使了家具形式的改革、种类的翻新，对整个室内陈设革新都起到了积极的推动作用。另一方面，宋代梁架结构建筑体系发展更为完善，并出现了专著《营造法式》，家具仿照建筑木构架结构的样式及工艺得到迅速发展，为明清时期家具的大发展做好了铺垫。

宋代家具以简约挺秀为主要特征。从使用功能上来看，主要包括卧具、坐具、承具、屏具、架具等。高型家具在普通百姓家里得到了普及，家具的种类更加完善，形成了以桌为中心的起居方式。元代家具继承了辽金时期家具的部分特征，并进一步优化结构，使其在功能与形式上更加科学。家具造型较为饱满厚重，体量往往较大，善于运用曲线造型，多以云头、转珠、倭角等线型做装饰。宋元两代为明代家具体系的形成奠定了深厚的基础。

高坐具成为家具的主流，除原有的桌、椅、凳、床以外，还增加了置花的高几、待茶的茶几、琴桌及床上的炕桌。室内家具布置格局出现了对称与不对称两种形式。厅堂的屏风前正中置椅，两侧又各有四椅相对排列；或在屏风前置两圆凳，供宾主对坐。而书房、卧房家具多为不对称的自由布置。家具造型更注意杆件框架的效果，大量应用了装饰线脚。桌凳面板下开始用束腰及枭混曲线，四足端部做出马蹄形或云脚，总之更讲求美观效果。

6.3.1 床、榻

宋代的床、榻继承了隋唐时期以来的传统形式，主要分为箱形结构和四足平板结构。箱形结构带束腰、托泥，底座多为壶门装饰。四足平板的典型形式为四足，有的足间有横枨（家具侧面连接两足的枨子），与前述箱形结构的床榻相比，在形态上趋于简洁。尽管椅、凳已经开始流行，但床榻仍保留着坐具的功能。床在辽金时期家具中有较大发展（图 6-6），特别是出现了栏杆式围子床，其周围有间柱、栏杆、围板，上层人物使用的床还设足承，又称为踏床。

图 6-6 木床（金代 山西大同阎德源墓出土）

6.3.2 椅、胡床、凳

宋代椅子可分为靠背椅、扶手椅、交椅、圈椅、宝座等，其中靠背椅是当时使用最多的椅子。宋代靠背椅样式富于变化，根据靠背木条方向可分为横向靠背与纵向靠背两种；根据搭脑是否出头可分为出头型与不出头型。搭脑是椅子后背最上的一根横木，因可供倚搭头脑后部而得名。宋代椅子以搭脑出头为多，搭脑向两侧挑出，与南方灯挂（用来挂油灯的座托，座托平、提梁高）相似，故称为灯挂椅，使用时多加搭椅被。带扶手的椅子相对少些，主要有四出头官帽椅和圈椅。四出头官帽椅因椅子靠背的搭脑两端、左右扶手都出头，整体形象如同官员的官帽而得名。圈椅与唐代及五代的样式相似，靠背与扶手为同一曲线，扶手端有向后弯曲的造型。另外，还有专属于帝后的宝座，体量较大。

胡床在宋代有了新的发展，增加了靠背，称为交椅，是宋代一种新型的家具。宋代交椅的搭脑有直形和圆形，靠背有横向和竖向之分，在制造上根据需要进行不同组合。其中，圆形搭脑、竖向靠背式又称栲栳圈，具体形式可在《蕉荫击球图》（图 6-7）中获知。以此为基础，再将木质荷叶形托首插在靠背上便成了太师椅。太师椅是宋代交椅的一种特殊形式，有圆形扶手可开合折叠，靠背插有木质荷叶形托首长柄，供仰首倚靠休息。具体形式可在《春游晚归图》中清晰地看到（图 6-8），图中描绘了宋代高级官员在侍从陪伴下游春归来的场景，侍从肩上扛的便是这种太师椅。

图 6-7 《蕉荫击球图》中的栲栳圈 （宋代 佚名）

宋代凳的种类主要有方凳、圆凳、条凳等。凳出现了带托泥和不带托泥两种形式，还出现了四面开光的大圆墩。坐墩呈圆形，中间鼓，上下小，类似鼓形，故又称鼓墩。随着制作工艺的发展，鼓墩上还出现了鼓钉。

图 6-8 《春游晚归图》中的太师椅（南宋）

6.3.3 桌、几案

高型家具在宋代已经成为主流，宋人的起居方式从以床为中心转变为以桌案为中心，一桌一椅、一桌两椅、一桌三椅、一桌多椅是当时普遍的家居陈设方式。桌按形状可分为方桌、条桌，按用途可分为酒桌、饭桌、琴桌、炕桌等。方桌、条桌的使用十分广泛，并新出现了炕桌，在上层社会和士大夫家庭中还出现了琴桌。桌面下出现束腰，在桌面、腿足处有牙条、矮老、霸王枨、罗锅枨、托泥等结构部件。桌子四足除有方形、圆柱形外，还出现了马蹄形。新出现的霸王枨、罗锅枨为桌子结构的发展增添了更科学的结构部件。

宋代以桌为中心的起居方式，使几、案、桌的布局发生了很大改变。在普通百姓人家，几案的应用已不多见，传统样式的几案明显减少，新出现的高型几案成了富宅中厅堂陈设的重要家具，其形体高于桌子，用来陈设物品。另外，宋代架具有较大发展，有衣架、盆架、巾架、镜架、灯架等多种形式。

6.4 陈设

宋代是“瓷的时代”，是中国陶瓷发展的鼎盛时期。宋瓷以沉静雅素见长，既重视釉色之美，又追求釉质之美。不论青瓷、白瓷、青白瓷还是黑瓷等都不是普通浮薄浅露、一览无余的透明玻璃釉，而是可以展露质感美的乳浊釉或结晶釉。宋瓷巧夺天工、精美绝伦，其仪态和风范是后世长期追仿的榜样，至今仍使人为之倾倒。根据宋代各瓷窑在工艺、釉色、造型和装饰等方面的异同，大体可以分为六个体系：北方地区的定窑系（图 6-9）、耀州窑系、钧窑系（图 6-10）、磁州窑系（图 6-11），南方地区的龙泉窑青瓷系（图 6-12、图 6-13）、景德镇窑青白瓷系。宋瓷器类繁多，且每一类器物又衍生出多种样式，再加上各窑地方特色，造型空前丰富。除日用生活用器和酒具外，常见的还有尊、炉、烛台、枕、盒等器物。除了技术上的进步，宋瓷最大的贡献是为中国陶瓷美学开辟了新境界。

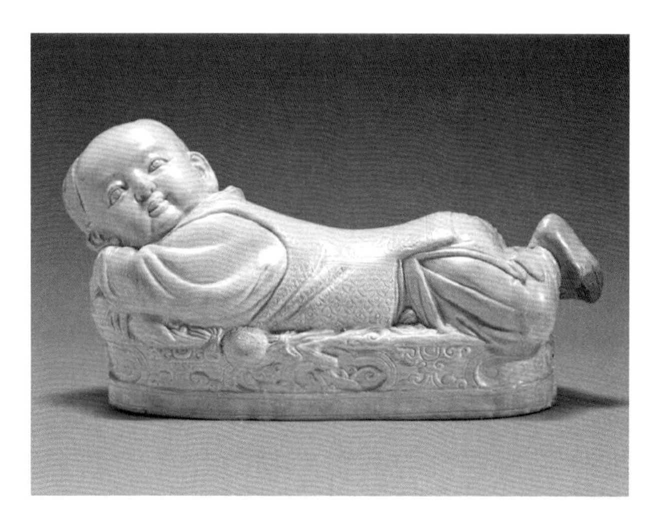

图 6-9　白瓷孩儿枕（宋代）

图 6-10　玫瑰紫釉葵花式花盆（宋代）

图 6-11　白地黑花婴戏纹枕（宋代）

图 6-12　青釉塑贴双鱼纹洗（宋代）

图 6-13　青釉弦纹三足炉（宋代）

宋代城市的发展使得社会分工进一步细化，纺织业、印染业从业人员的专业技术有了大幅度提高。宋代官府设文思院、绫锦院、裁造院、内染院、文绣院等织造机构。北宋时期，在开封、洛阳、润州（江苏镇江）、梓州（四川三台）均有大型锦院、绣院。南宋时期，四川、江浙地区进一步发展，苏州、杭州、四川三大锦院十分著名，成都设茶马司锦院监管织造销往西北、西南少数民族的织锦。同时，民间纺织作坊也呈现一片繁荣景象，各地民众需缴纳大量纺织品作为税收。宋王朝为缓和辽、金、夏边境侵扰，每年还需输送大量高级丝织品。由于纺织物资的需求量大，从中央到地方均诏令植桑养蚕，使得宋代纺织业一片繁荣，南方丝织业超过北方。

宋代的金属工艺在唐五代时期的基础上发展而成，已非常发达，排除了来自波斯萨珊王朝的异国情调，适应城市平民生活的需要，制造了大量富有浓郁生活气息的金属器皿。皇家所用的金银器皿由少府监、文思院掌造。据记载，都城汴梁已有金银铺，南宋朝廷及王公贵族对金银器的需求有增无减。从记载及考古发掘来看，宋元时期的金银器多出自窖藏，少部分出于墓葬和塔基。宋代金银器轻薄精巧、典雅秀美，民族风格完美。造型上极为讲究，花式繁多，以清素典雅为特色。元代金银器与宋代相似，陈设品增多。从造型纹饰来看十分讲究，素面较多。然而，元代某些金银器亦表现出纹饰华丽繁复的趋向（图 6-14）。

图 6-14　朱碧山银槎（元代）

宋代铜镜，从铸镜的规模和制作精巧程度来看均不如唐代。在铜镜的合金成分方面，宋代铜镜也是一个重要转折时期。宋代铜镜与汉唐镜不同，含锡量减少，含铅量增多，于是一反汉唐镜铜质银白色泽，而为黄铜色泽，质地也不如汉唐镜坚硬，变得粗软。这一时期铜镜的镜身较薄，北宋时期铜镜的装饰花纹还比较考究，到了晚期则呈现衰落的趋势。宋代铜镜因需求量大而大量生产，成为铜器行业中的主要产品。宋代铜镜注重实用，不崇华侈，器体轻薄，装饰简洁。其外形最为丰富，以圆形为主，亦有方形（图 6-15）、弧形、菱形、四方圆角式、菱角形及带柄（图 6-16）等多种形式。宋代铜镜上的纹饰也相当丰富，花卉镜（图 6-17）是宋代铜镜中最为突出的镜类之一，纹饰以缠枝花和牡丹居多，其次是神仙人物故事和八卦等，有的铸有商标标记；亦有光素无纹者。装饰手法多采用细致入微的细线浅雕，图案处理常采取隐起、阳线并用，以线的韵律、节奏来增强纹饰的起伏与重量，克服了因体薄而造成的轻浮单调的感觉。其中的动植物图案，形象准确，姿态生动，构图丰富多变；山水人物图案的构图处理富有绘画效果。宋代铜镜多产于湖州、临安（在今浙江省）、饶州、吉州、抚州（在今江西省）、成都等地。湖南省博物馆收藏的蹴鞠铜镜（图 6-18）为罕见之珍品。

图 6-15　方形铜镜（宋代）

图 6-16　带柄铜镜（宋代）

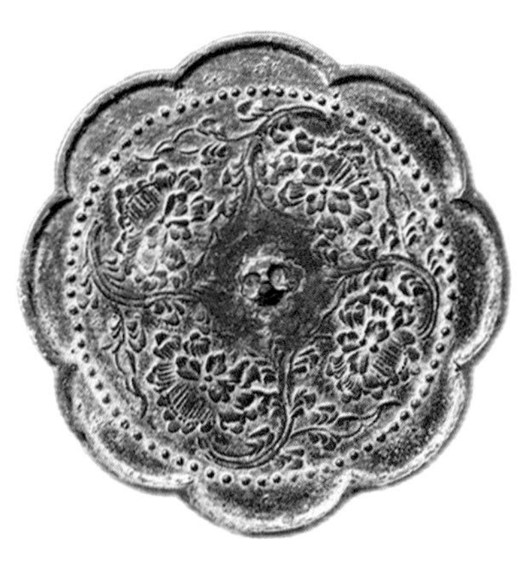

图 6-17　花卉铜镜（宋代）

图 6-18　蹴鞠铜镜（宋代）

两宋时期的漆器，品种丰富，造型完美，色彩大方，制造精良，是我国古代漆器工艺史上的又一个高峰。当时官方设有专门生产漆器的机构，民间制作漆器也非常普遍，据《燕闲清赏笺》记载，宋代漆盒有蒸饼式、河西式、蔗段式、三幢式、两幢式、梅花式、鹅子式等，漆盘有圆形、方形、腰样形、菱形、八角形，还有绦角环样和四角牡丹状等。在髹饰工艺上，金漆戗金、剔红、剔犀、剔彩、犀皮、螺钿等都达到很高的水平。

宋代漆器如宋瓷一样，以造型取胜，多数漆器朴素无华，表现出器物结构比例的韵律美，多制作生活器皿，如奁、盒、碗、盘、盆、盂、勺、笔床、纸镇、画轴、扇柄等，样式也富于变化，同种类型的漆器各有多种不同的样式。河北巨鹿宋故城出土有大观二年的漆器；杭州老和山宋墓出土有绍兴三十二年的漆盘、漆碗；无锡宋墓出土有漆盘、漆碗。1959 年，在江苏淮安杨庙镇的北宋墓葬中，出土了大批漆器，计 75 件。从字铭看，属于杭州、温州、江宁等地的产品。

宋元时期以后，社会出现了规模可观的玉雕市场和官办玉肆，仿古玉器多为仿汉玉器。宋代工部所属的文思院，“掌金银犀玉工巧及采绘装钿之饰”，其中有牙作、玉作、犀作、雕木作、琥珀作等。宋元时期，玉器细腻灵巧，小件多，大件少。虽然花鸟一类没有唐代淳厚朴实，但因受当时国画风格的影响较深，所以非常重视神态。宋元时期突出的特点是琢工无粗制滥造。

宋代石雕以砚台最为著名，砚材的色泽、纹彩、石质各有特点，刻砚艺人根据不同的材料采用不同的艺术表现方法，简朴大方。歙州的歙砚，石质细腻；端州的端砚，石质优良，色泽莹润。在唐代端砚已受到书画家的喜爱，宋代的制作更加普遍。此外，还有洮砚、易砚、鲁砚，在宋代均享有盛名。

宋代的陈设品，具有典雅、平易的艺术风格。不论陶瓷、漆器、金工、家具等，都以朴质的造型取胜，很少有繁缛的装饰，使人感到一种清淡的美。

第7章 元明清时期

7.1 建筑概况

元明清时期，城市、宫殿的建筑规模在近代世界史上罕见，建筑样式在遵循古制上，稍有变化。明清时期，官式建筑已完全定型化、标准化，清朝政府颁布了《工部工程作法则例》，另有《营造法式》《园冶》。由于制砖技术的提高，此时期用砖建的房屋骤然增多，且城墙基本都以砖包砌，大式建筑也出现了砖建的“无梁殿”。各地区建筑的发展使区域特色开始明显。在园林艺术方面，清代的园林有较高的成就。

7.1.1 城市建设

元代都城大都（今北京）在战国时期已经发展成较为重要的城市，辽代曾经在此建立陪都，金代向东、南扩张，建都“中都”。元代皇城包括宫城、隆福宫、兴圣宫、御苑，环水而建，城墙有宫城、皇城、外城三重。宫城位于城市中轴线，平面为长方形，南北长7400m，东西宽6650m，每面有一座城门，四角设角楼。大明殿、延春阁两组宫殿建于南北轴线上，其他殿堂以轴线为中心在两侧对称布局。道路有干道与胡同之分，胡同多为东西向分布，两段胡同间划分住宅，商业店铺、市场分散于各街巷，形成与封闭的里坊截然不同的居住区建设模式。元代建筑木结构仍延续宋代传统，但为节约材料常简化部件，如在寺庙殿堂建筑中运用减柱法，抽取掉若干根柱子；或室内不用斗栱，使柱直接与梁衔接。

明代北京城在元大都基础上进行改建，建设方案以南京为参照，沿用至清代。北京城规划严谨，功能分区明确，如不含外城布局呈回字形，有宫城、皇城、内城三重城垣。整个城市以位于南北中轴线上的皇城为中心，皇城四面开城门，南面正门为承天门（清代称天安门），北面为北安门（清代称地安门）。承天门之南为封闭的T形广场，尽头有一门为大明门（清代称大清门）。

紫禁城采用中轴对称形式安排建筑布局。宫城四面建高大城墙，四方各开一门，包括南面正门午门，北面神武门，以及东、西华门。城墙四角建有角楼，城外有护城河。宫城外左建太庙，右建社稷坛，内城外南北东西四个方位上分别建天坛、地坛、日坛、月坛。北京城以一条南北中轴线为骨干，长7.5km，所有宫殿及主要建筑都建于中轴线上，体现王权至上的封建礼制思想。轴线南端始于外城永定门，北行经天坛、山川坛，内城正阳门，皇城大明门、承天门、端门，紫禁城午门，然后穿过六门七殿，出北门神武门，经景山、北安门止于北端的鼓楼和钟楼。中轴线东西两侧各建一条贯通南北的大道作为城内的主干道，其他街道都与这两条主干道相联系，其间分布有商业店铺、手工作坊、佛寺、衙署、民居等建筑。

7.1.2 宫殿

元大都的宫殿建筑穷奢极欲，其中有大量石雕装饰构件，当时建筑与室内装饰用的大理石、汉白玉等石料加工工艺也比较发达。

明代的宫苑、陵邑的规模都十分宏大，附丽其中的建筑石刻艺术也取得了不少创新的成就。明代南京新宫布局采用“前朝后寝”的形式，包括外朝、内廷两大部分，采取南北中轴对称形式展开，以正殿奉天殿为中心，前为奉天门，后纵列华盖殿、谨身殿构成外朝三殿，以东建有文华殿，以西建有武英殿。宫城开四门，分别为南正门午门、北玄武门、东华门、西华门，城外建护城河。

清代的离宫园林，更是在规模和质量上超过了明代。故宫主殿的台基、阶梯栏杆、走道、中庭、石桥，皆为各种石雕艺术形式的有机组合。从现有的石栏杆边饰花纹，可以看出，明清故宫石雕还是承袭了宋元时期以来的装饰纹样和技法。

明清北京宫城位于中轴线正中，仍采用外朝、内廷两大部分，院落建筑贯穿于宫殿之间，形成完整、连贯的建筑群体系。在中轴线上，从大清门开始先后以连续、对称的封闭式庭院向主殿延伸。首先，大清门北以500多米长的“千步廊”形成前院，北端横向展开，显现出皇城正门天安门；入天安门后，是一个较小的庭院，尽头为与天安门相同的端门，过端门为深300多米的狭长庭院，进入宽敞的午门广场，午门为宫城正门，中建庑殿顶城楼，左右各建两座重阁，以庑廊连为一体。午门内为太和门庭院，过太和门为面积约40000m^{2}的正方形大型广场，进入建筑群的主体，将整个建筑群推向最高潮。

外朝以主殿太和殿（图 7-1）及其后的中和殿、保和殿三大殿为中心，以文华殿区、武英殿区为左右双翼，这一组建筑是整个宫廷的最主要部分。太和、中和、保和三大殿纵列于工字形白色大理石台基上，全部为红墙黄琉璃瓦，每层均有白玉栏杆环绕。主殿太和殿面宽 11 间，高约 33m，采用重檐庑殿顶结构，殿前大型庭院长宽各 200 余米，以 8m 高的台基上托大殿。中和殿为攒尖顶，保和殿为重檐歇山顶。外朝之北为内廷，中间以狭长的横向广场分割，主要建筑包括以乾清宫为中心的后三宫（包括乾清宫、坤宁宫，以及两宫之间的交泰殿），左右为东西六宫，以及乾东五所、乾西五所等（图 7-2）。

图 7-1　太和殿

图 7-2　宫殿全景

7.1.3 坛、庙

坛是我国古代主要用于祭祀天地、日月、风云雷雨、社稷、先农等活动的台型建筑，在发展中逐渐成为帝王专用的祭祀建筑。坛的形体因祭祀天、地等对象不同而有圆有方，建筑材料从早期的夯土发展为砖石。明清两代都城所建的坛有天坛、地坛、日坛、月坛、社稷坛等，其中以北京天坛气势最为宏大，建筑工艺水平最高。

北京天坛（图 7-3）是皇帝用来祭天、祈谷的地方，位于外城正阳门外东侧。经明、清两代修建与重修，占地 270 多公顷，外有两重围墙环绕，遍植松柏。

图 7-3 北京天坛

北京社稷坛（图 7-4）是明清两代祭祀社（土神）、稷（五谷神）神祇的祭坛，位于天安门广场西北侧，与东北侧的太庙相对，一左一右，体现出周代以来皇宫设置的“左祖右社”的设计原则。社稷坛整体布局略呈长方形，有内外两重垣，四面开门。

图 7-4 北京社稷坛

北京太庙（图 7-5）是皇帝举行祭祖典礼的地方，在历代王朝均受重视并成为皇权世袭制的重要标志。太庙始建于明代永乐年间，现存太庙为明代嘉靖年间重建。太庙的主体建筑为正殿、寝殿、祧庙三大殿。太庙的正门设于天安门内御路东侧，称为太庙街门，与天安门内御路西侧社稷坛门相对称。

图 7-5　北京太庙

7.1.4　寺观、佛塔

（1）寺观　山西洪洞广胜下寺建于元代，有前后两院，从前至后地势逐级升高。其正殿是元代重要佛教建筑遗址，正殿面阔七间，进深八椽，殿顶为单檐悬山顶。列柱采用减柱法，但因跨度太大，所以后来又补加柱子进行支撑。元代永乐宫为当时一所重要的道观，以南、北为中轴线排列龙虎殿、三清殿、纯阳殿、重阳殿四座高大殿宇，东西两面不设配殿等附属建筑物。正殿三清殿较多地继承了宋代建筑特点，殿内四壁满布壁画，著名的壁画《朝元图》便出自于此。

（2）佛塔　北京妙应寺白塔（图 7-6）便是这一时期的代表建筑，此后喇嘛塔成为我国佛塔的一种重要类型。妙应寺白塔建于元代都城大都，现位于北京西城区阜成门内，为砖石结构，由尼泊尔人阿尼哥设计建造。

图 7-6　北京妙应寺白塔

7.1.5 住宅

（1）明代住宅　从明代开始，现存的民居建筑实例渐多，在建筑上木结构有了进步，确立了梁柱直接交搭的结构方式；大量使用砖砌的围护结构；建筑群体布置有了新发展，更重视建筑空间的艺术性；私家花园发展深入各阶层的民居中；建筑装修、彩画、服饰等渐趋程式化与图案化；明代家具大量使用硬木，呈现出轻柔明快的时代造型。

明代制度约束加强，包括各进房屋的间架、屋面形式、屋脊用兽、可否用斗栱、梁栋及斗栱檐角用彩制度、门窗油饰颜色、大门用兽面锡环等各个方面，除亲王府制以外，将官员及庶民分为五个等级，依次按规建造。这些封建等级制度实际上限制了传统民居的创造与发展。

由于材料及技术的进步，明代民居的造型已有数项改变。如青砖用于外墙，故不用挑檐的方法来保护外墙，所以悬山顶房屋渐次稀少，而代之硬山顶的山墙，估计此项改进应始源于多雨的南方地区，渐次推广到北方。

（2）清代住宅　从我国民居发展史来看，清代民居可以说是剧变时期，是转化至近代建筑的过渡。清初顺治至雍正年间，民居形制基本因袭明代制度，改进不大。这一点从山西丁村、安徽歙县地区的明清民居对比中即可看出。这时的民居注意结构的艺术加工，如梭柱、斗栱、月梁、撑拱的变化，建筑上的附加装饰少，用材粗大，楼房比例少，屋顶坡度缓，整体艺术风貌呈现稳重古朴的格调。

乾隆至道光时期，由于人口的大发展及经济迅速发展，引起了民居的显著变化。民居用地大量利用坡地、台地；平面形制及构架形式向多样化发展；正房虽仍维持三间面阔，但进深普遍加深；寝卧部分建为楼屋的实例增多，扩大了使用面积；阁楼空间得到利用；用材尺寸明显减小，节约建筑木材；结构美化从形体美学向装饰艺术转化；砖、木、石三雕装饰手法普遍增多；门窗棂格图案纹饰花样翻新；地方性构造技术及装饰艺术得到发掘及推广，使得各地民居的风格特色更为明显。总之，这时的民居空间变化及建筑美学方面有了突出的进步。

到咸丰时期，中国逐渐沦为半殖民地半封建社会，社会背景的变化引发了民居的剧变。结构上砖木混合结构及硬山搁檩的广泛使用，直接影响到民居的建筑外观面貌；同一类型民居成排组地建造，以供出租，具有近代里弄式住宅的表征；在平面上简化功能，采用民居局部空间形态组成新民居形式，如江南的石库门式住宅实为苏州民居上房的翻新。

总之，这一时期的民居已经进入了转化时期，它脱离了古典建筑的轨迹，打破了几千年的统一性，向多元化发展。有些现象已经似是而非，甚至有些混乱，无法用规制来约束各种民居形式，但这正是社会变化在民居建筑上的反馈，是历史的必然，这一点很重要。清代民居是继往开来、转化发展的重要环节。

7.1.6 园林

明清时期至18世纪，皇家苑囿得到了极大的发展。除扩建西苑外，还在山峦起伏、水流纵横的京城一代建造了圆明园、长春园和清漪园等；在外地则建有承德避暑山庄。这些苑囿多建于依山靠水之处，把宫殿区置于平坦地带，并根据地形地貌布置若干游赏区，每一游赏区各具特点，又相互呼应，连接成为一个苑囿的整体。避暑山庄、圆明园和颐和园可称为清代皇家园林的最高成就。

（1）避暑山庄　避暑山庄分为宫殿区、湖泊区、平原区、山峦区四大部分。宫殿区位于湖泊南岸，地形平坦，是皇帝处理朝政、举行庆典和生活起居的地方，占地10万m^2，由正宫、松鹤斋、万壑松风和东宫四组建筑组成。湖泊区在宫殿区的北面，湖泊面积包括洲岛约占43hm^2，有8个小岛屿，将湖面分割成大小不同的区域，层次分明，洲岛错落，碧波荡漾，富有江南鱼米之乡的特色。

（2）圆明园　圆明园是清代的一座大型皇家宫苑，坐落在北京西郊，与颐和园毗邻，由圆明园、长春园和绮春园组成，所以又称圆明三园，共有150余景，有“万园之园”之称。其中有大规模的宫廷区，整个园区的轮廓像一个倒置的“品”字，其总周长为10km，面积为350万m^2，比现在的颐和园要大70万m^2，有着无与伦比的秀美景色。

圆明园最为著名的景区是“九州清宴”。该景区占地约28万m^2，由9个景组成，是当年雍正皇帝为表达九州太平、九州归一的政治意图而特意诏令修建的一个景区。九州清宴分为东、中、西三部分：中部为圆明园殿、奉天无私殿和九州清宴殿，西部为寝宫，东部为“天地一家春”，都是各具特色的精美建筑群。十分精美的石雕、铜塑小品、各种奇花名木、珍禽异兽等随处可见。在清代的皇家园林中，圆明园是被称为“万园之园”的伟大园林，令人痛心的是它于1860年被焚毁于英法联军之手。如今我们从园中废墟残存的石雕建筑遗迹，仍可窥视到这座绝冠古今的园林建筑艺术的一些风貌。

（3）颐和园　颐和园是我国清朝时期的皇家园林，其前身为清漪园，位于北京西北郊，总面积达2.9km^2，与圆明园毗邻。它是以万寿山和昆明湖为主要景观，以杭州西湖为蓝本，汲取江南园林的设计手法而建成的一座大型山水园林，也是保存最完整的一座皇家行宫御苑，被誉为“皇家园林博物馆”。清朝建立以后曾在此地建行宫，1750年，乾隆皇帝为祝贺其母60寿辰，又在此修清漪园。园中昆明湖北岸是万寿山（图7-7），山下长廊750m，山前后各有建筑群。前坡为大报恩延寿寺，主体建筑佛香阁（图 7-8）最引人瞩目。山后是须弥灵境，具有浓郁的西藏特色。颐和园的建造因利用了多种建筑艺术手段，故创造了既和谐统一又千变万化集雄秀为一的风格，表现了高超的造园水平。整个园林艺术构思巧妙，在中外园林艺术史上地位显著，是举世罕见的园林艺术杰作。

图 7-7　颐和园昆明湖万寿山远景

图 7-8　颐和园佛香阁

（4）私家园林　明清时期各地园林中，以苏州、扬州两地私家园林最为著名。常见的建筑种类有厅堂、馆、楼、台、阁、亭、榭、廊、舫等；建筑造型一般都较轻巧淡雅、玲珑活泼，建筑装修也比较精致灵巧，色彩调和。苏州园林著名的有明代拙政园、留园、五峰园，清代怡园、网师园等，各园多次更换主人，至今仍存。清代扬州园林现存少于苏州，但各具特色，著名的有何园、小盘谷、个园等。

拙政园（图 7-9 和图 7-10）占地 78 亩（约为 5.2 公顷），全园以水为中心，山水萦绕，厅榭精美，花木繁茂，具有浓郁的江南汉族水乡特色。据《王氏拙政园记》和《归园田居记》记载，园地“居多隙地，有积水亘其中，稍加浚治，环以林木”，“地可池则池之，取土于池，积而成高，可山则山之。池之上，山之间可屋则屋之。”用大面积水面造成园林空间的开朗气氛，基本上保持了明代“池广林茂”的特点。再点缀亭台景色，清新疏朗。花园分为东、中、西三部分，各具特色。园南为住宅区，体现出典型江南地区汉族民居多进的格局。

图 7-9　拙政园

图 7-10　拙政园厅堂陈设

留园（图 7-11 ～图 7-14）在苏州大型园林中具有代表性，位于苏州阊门外，由徐泰时所建，占地 30 余亩，其中建筑占总面积的三分之一。变化无穷的建筑空间，藏露互引，疏密有致，虚实相间，旷奥自如，令人叹为观止。园内精美宏丽的厅堂，则与安静闲适的书斋、丰富多样的庭院、幽僻小巧的天井、高高下下的凉台燠馆、迤逦相属的风亭月榭巧妙地组成有韵律的整体。园内由若干组庭院和池山组成，林木森茂，富于自然情趣。

图 7-11　留园（一）

图 7-12　留园（二）

图7-13　留园（三）

图7-14　留园（四）

7.2　室内空间和室内设计

明代初期，对住宅的等级划分开始严格起来，官员造宅不许用歇山顶及重檐屋顶，不许用重拱及藻井。这些限制在宋代原是针对庶民的，如今已针对品官，这就意味着除皇家成员外，不论官位多高，住宅只能用“两厦”(悬山顶、硬山顶)。此外，又把公侯和官员的住宅分为四个级别，从大门与厅堂的间数、进深到油漆色彩等方面加以严格限制。至于百姓的屋舍，则不许超过三间，不许用斗栱和彩色。以上这些反映出明代森严的等级制度已在住宅形制上充分表现，但逾制的现象十分普遍，至今江苏苏州一带的民居中，仍保存着一批十分精美的贴金彩画和砖石雕刻。

梁架发展至这一时期，无论是构成手法还是装饰技法，都已集我国古典建筑之大成。从梁架之间的相互作用构成方式来看，可分为叠梁式、井干式、穿斗式。

明清时期，室内空间按其结构形式的变化，呈现出按两条相反路线发展的趋势：一种是为追求有效使用空间的最大化，其室内构架的构成向简化的方向发展；另一种是为追求室内观感上的多样化，其装饰构成向繁化的方向发展。

彩画按用途、等级的不同主要分为和玺彩画、旋子彩画和苏式彩画。彩绘的内容主要有轮廓线、宝珠、植物纹样、带涡纹的花瓣、西番莲、牡丹、几何图案、锦纹、花纹、联珠纹、万字纹、回纹、变形如意纹、龙凤纹、鹤纹、吉祥文字等。明代的彩画，还有宋代《营造法式》中“豹脚”“合蝉燕尾”“簇三”的遗风，青绿叠晕之间，缀以一点红，尤为夺目。装饰纹样多用植物纹和几何纹。明清时期的旋子彩画中，暖色只是点缀，少有大面积使用。清代，在旋子彩画的基础上更是创造性地发展出了和玺彩画。明清时期，在苏州一带还形成了苏式彩画。

中国的古典门窗，发展到明清时期，已经彻底成熟。门窗由框、槛、扇等组成，框是门窗垂直竖向的固定骨架；槛是门窗水平横向的固定骨架，依部位不同分为上槛、中槛、下槛。

门窗的“扇”即门扇与窗扇。门窗上起连接作用的小构件，包括门钱、门镶、门钉、包叶、看叶、拐角叶、帘架、连楹、门替、门枕、铺首等。

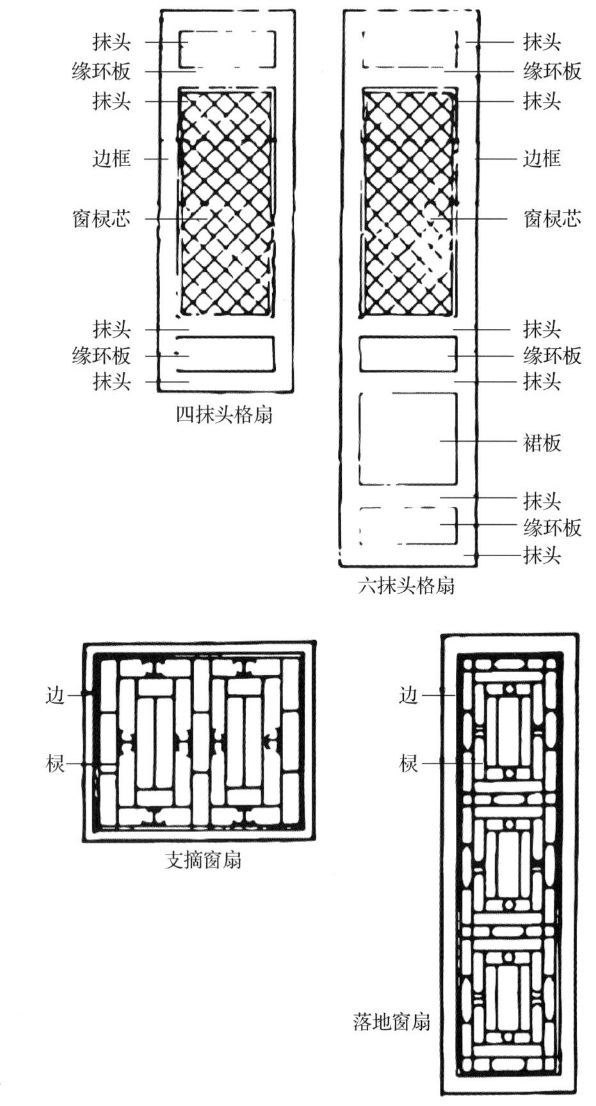

图 7-15　中国古典门窗

中国古典门窗（图 7-15）格心的中间以细木构成各种图案。门窗格心的图案虽然多式多样，但其构成只有三种形式。第一种形式是由开放式线形构成，即线的构成。由这种方式形成的图案有卧蚕纹、工字纹、冰裂纹、万字纹、云纹、鳞纹、绳纹、网格纹、方格纹、菱格等。这种形式又分为单线构成、双线构成两种。第二种形式是由封闭式图形构成，如菱形纹、方胜纹、圆镜纹、套环纹、轱辘钱纹等。其中少量的是双形构成，如轱辘钱纹和八方交四方纹。第三种形式是由线形套叠式构成，如亚字纹、井字纹、套方纹、灯笼锦纹、菱花纹、十字海棠纹、十字如意纹、花结纹、八角景纹。

7.2.1　明清时期民居室内特点

（1）民居分类　按照平面围合方式的不同，明清时期的民居可分为合院式、廊院式、独立式。

合院式是以不同组的房屋与墙、廊围合出庭院的形式，其中有四合院、三合院、二合院。每一院落称为进，若干进沿纵深轴线串联，称为一落或一路，一般小型组群由单落一、二进组成，中型组群由单落多进组成，而大型建筑则由多落多进组成。民居基本为小型院落，其中最典型的代表为北京四合院、云南一颗印。

廊院式以回廊为围合边界，主体建筑设在院子中间或后偏，或者把其直接设于北端。主体建筑的殿堂或设置一栋，或前后重置两三栋。最初只在前廊中部设门屋或门楼，后来常在回廊两侧、四角插入侧门、角楼等建筑。廊院是早期大型庭院的主要布局形式。

独立式是指主体建筑（即房屋）不作为围合构件，而是集中布置，四周用其他小型的非建筑构件围合出院落。这种院落多数为通透式的，最有代表性的是干阑式民居。

（2）代表性的民居室内　福建明代土楼一般都是三、四层，外墙用土夯筑而成，“土楼”之名由此而来。土楼平面形式有三种：一字形、圆形、方形。如福建华安沙建镇升平楼（图 7-16），即为三层圆形土楼，平面形式为圆形。具有代表性的民居还有客家土楼（图 7-17）、山西丁村明代住宅（图 7-18）等。

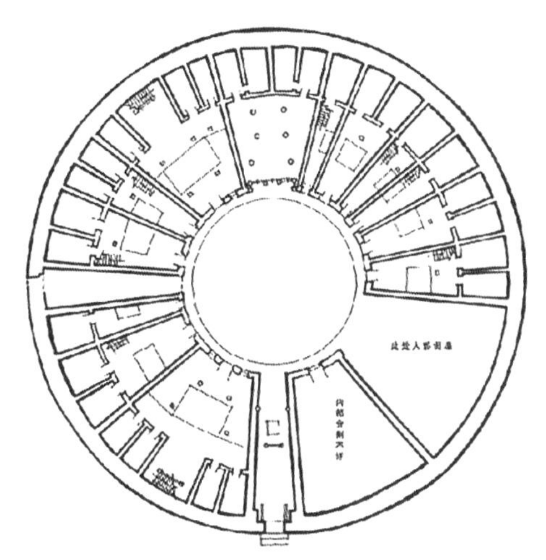

图 7-16　福建华安沙建镇升平楼底层平面图

图 7-17　客家土楼

图 7-18　山西丁村明代住宅

徽州民居地处山区，人稠地狭。其平面多采用小天井和楼房的紧凑布局，主楼、厢房全为二层。室内装饰多有精美的木雕和砖雕，象征富有，这些雕刻多在内院展开。外墙极少开窗，窗孔很小。室内楼下空间低矮，楼上较高敞，木刻雕饰也集中于楼上，说明宅内主要活动场所在楼上。宅大门临小巷，面西南。院内有水池，以积聚雨水，这是皖南山区的常见做法。

北京四合院（图 7-19）是封闭式住宅，四面房屋各自独立，彼此之间有游廊连

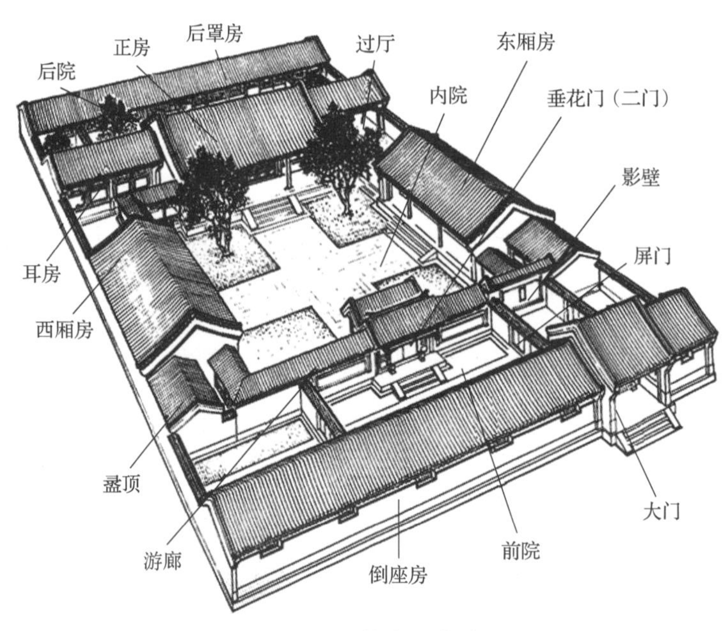

图 7-19　北京四合院

接，围合出宽绰疏朗的院落。室内平面布局中，北房、东西厢房、垂花门四面围合出的部分称为内宅。内宅居住分配严格，正房一般位置优越显赫，给老一代的老爷、太太居住；三间北房中的正中一间为堂屋，向外开门，两侧两间多作卧室，向堂屋开门，形成套间，为一明两暗格局，东侧为尊，正室居住，西侧由晚辈居住。一明两暗，正中为起居室，两侧为卧室，偏南侧一间可分割出来做厨房或餐厅，中型以上的四合院还常建有后军房或后罩楼，供未出阁的女子或女佣居住。两侧面用土或砖砌厚，起到保温隔热、冬暖夏凉的作用。

7.2.2　明清时期室内设计要素

（1）室内平面　我国木结构建筑正面两檐柱间的水平距离称为“开间”，又称“面阔”，各开间宽度的总和称为“通面阔”。屋架上的檩与檩中心线的水平距离，清代称为“步”，各步距离的总和或侧面各开间宽度的总和称为“通进深”。

清代建筑室内平面的形状主要有长方形、正方形、圆形和组合方形。在清代，室内开间和进深多用奇数，且为十一以下，也有额外的，加上楼梯间而成六间的，如文渊阁。

（2）室内地面　清代主要以地砖铺地，可分为条砖糙墁、方砖糙墁、方砖细墁和金砖墁地四个等级。在一些特殊的场合，地面中心部位还突起地台，如寺庙建筑中大雄宝殿里的佛坛和宫殿室内突起的宝座地平（地平指的就是高起的地台）等；此外，也可设置屏风。这种正座地平与正座屏风常常配合使用，起到放大宝座形象、协调空间尺度、突出核心领域、强化尊严气氛等作用。

明代墙壁材料有砖、板筑、土砖三种。北京护国寺千佛殿的墙壁，用土砖垒砌，内置木骨。明代墙体多用三顺一丁、二顺一丁或一顺一丁，考究的还在砂浆中掺入糯米汁；还有的在山墙的裙肩或角柱砌砖，其他部分用夯土或土坯。

（3）室内门窗　明代多沿袭宋代的版门及合版软门。门的安装，下面用门枕，上面用边楹，便于安装门轴。门上边楹通常有四个，通过门替安装在门额上。门板上有门钉作为纯粹的装饰品。明代宫殿中的室内隔扇多用方格纹、球纹和菱纹等图案，宋代的直棂窗、波纹棂窗多用于江南民居，官式建筑中较少用到。在窗的设计上，明代比前代更有进步，江南民居的窗格纹样比北方精致纤巧，图案精美，在欧式建筑中还出现了假窗。直棂窗自明代起，在重要建筑中已逐渐被槛窗所取代，但仍用于某些民间建筑中。横披窗在元代以后的明代应用更广泛。在明代嘉靖年间，由仇英与文征明合作的《西厢记》图，以及崇祯时期计成在《园冶》中所收录的十六种漏窗样式，表明当时在这方面已达到很高水平。

清代建筑室内最常见的是板门，门扇周围采用横槛和抱框，在门洞较大的情况下，还须增加中槛。此种样式的门主要部位有下槛、中槛、上槛、抱框、门框、连楹、腰枋，并有置心柱及走马板，位于上下槛之间。门其他的样式还有一码三箭格心阴刻如意裙板木格扇门、回纹嵌玻璃格心木格扇门、菱格格心木格扇门、网格格心木格扇门、浮雕花瓶方胜裙板木格扇门、工字卧蚕步步锦格心阴刻如意裙板木格扇门等（图 7-20）。

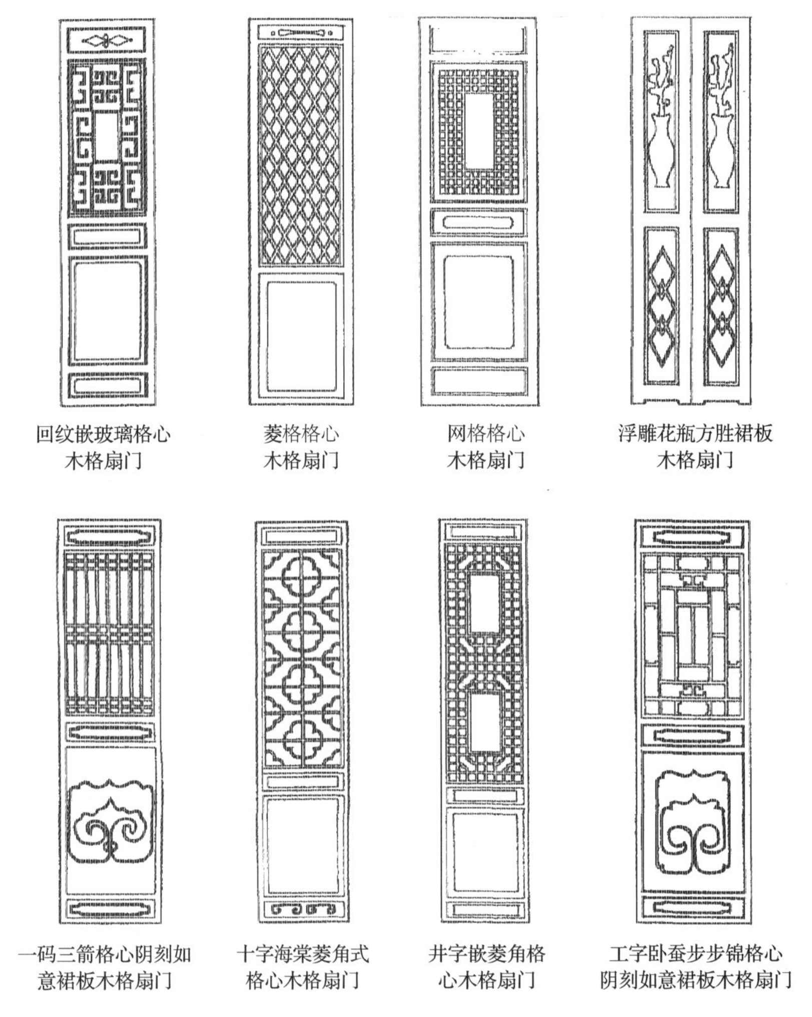

图 7-20 清代建筑室内门

清代的窗除了多用于住宅的支摘窗以外，大多用隔扇，既可用作对外的门、窗，也可用作内部的隔断，周围也用抱框、上下槛，有横披的还要设中槛，一般每开间 4 扇。隔扇可由抹头将其划分为绦环板、隔心裙板、绦环板四段。隔心又称格心，是隔扇上的透光通气部分，是重点装饰所在，可作为裱糊窗纸或安置玻璃的骨架。各种直棂窗或波纹棂窗在清代只用于江南民居中，官式建筑中很少用到。

（4）室内天棚及梁架　明代重要建筑室内大多用直柱；宫殿建筑、官式建筑和民居建筑室内多用圆柱；方柱则大多使用在园林建筑中，规模较大的仍用圆柱。清代的柱头则完全没有卷杀的做法。明清时期柱子的比例（柱径与柱高之比）约为 1∶9～1∶11，由明代到清代，呈现出由粗到细的趋势。这一时期仍然采用柱内外不等径的做法，内柱普遍高于檐柱。

梁的断面大多为矩形，明代渐趋为正方形，南方的住宅、园林中也有用圆木为梁，称为圆作。在制作大截面梁或为了装饰梁架时，常用拼帮的形式，将若干小料以铁箍、钉等拼合。梁头在明代多用卷云或挑尖。

明代额枋断面比例近于 1∶1，早期在角柱处不出头，后来出头的形式有垂直截割，或刻作海棠纹，还大多使用霸王拳。明代雀替应有蝉肚及出锋，有的下面还附以插栱。永陵祾恩殿室内梁架，其补间铺作当心间有八朵之多，全部木料均为香楠，梁额断面狭而高，与后世梁额断面近似正方形不同。社稷坛享殿室内梁枋断面的高宽比约为 3∶1，阑额高度相等，这是明初的显著特征。

明代天棚平棊样式呈比例颇大的方井格，花纹多用彩画团花龙凤，被称为天花板。藻井样式用斗栱构成复杂的如意斗棋，如景县开福寺大殿及南溪螺旋殿所见的藻井，还有太和殿的蟠龙藻井，雕刻精美。

清代天棚的做法广泛用于宫殿、宅第等各类殿屋，有保暖、防尘、调节室内空间高度和装饰美化室内环境的作用。天棚大致分为三类：软性天棚、硬性天棚、藻井。

在南方建筑中，室内厅堂的天棚还有“轩”的做法，这使室内天棚显得格外清爽、典雅、精致。其特点是呈各种弧形的卷棚式顶隔，按其卷棚形式的不同，有船蓬轩、鹤颈轩、菱角轩、海棠轩、弓形轩、茶壶档轩、一枝香轩等样式（图 7-21）。

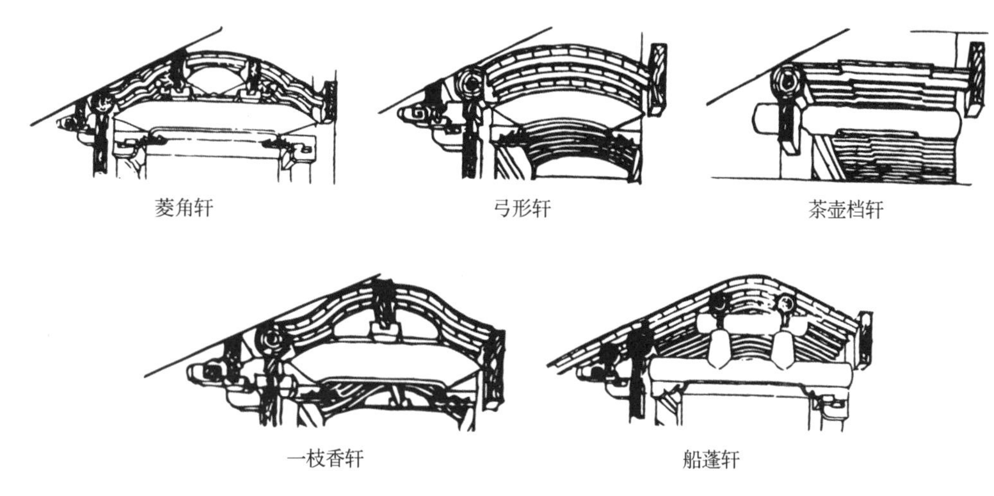

图 7-21　天棚的“轩”

7.2.3 室内空间的异化与同化

我国古典建筑室内从秦汉时期以后一直受到外来形式的影响，然而到了中后期，却总是被中原文化所同化，并发展成建筑及室内的新形式，如佛殿式等，成为我国古典建筑的组成部分。室内空间受同化的具体案例，在清代皇家建筑室内表现得最为突出。如承德避暑山庄的烟波致爽殿（图 7-22），有大量的汉化符号，整体也表现出经典的中原文化氛围，如字画陈设、格子状的天棚就是满汉文化融合最好的例子。

图 7-22　承德避暑山庄烟波致爽殿

7.3 家具

明清两代是我国古代家具发展的鼎盛时期，形成了明式、清式两大家具体系，构成了目前古典家具市场的风格主导。明代家具以结构科学、形式简洁、材料环保为特征，结构与装饰融为一体，又以木材的天然纹理作为装饰而不用漆饰，是世界家具发展史上的一颗明珠。明代家具与明代文人的中正、温厚，以及园林艺术的虚静、空灵融为一体，在家具的设计中形成了雅致、天然、高逸、温婉的审美情趣。

7.3.1 明代家具

明代工商业、海外贸易繁荣，商品流通渠道广泛，极大地推动了手工业的发展，南洋各国盛产的大批优质木材为明代家具的繁荣发展提供了充足的物质条件。

（1）明代家具种类

1）椅、凳。明代杌凳在凳类中最具代表性，主要有无束腰与有束腰两大类。这两种形式在腿足、枨、牙头等局部构件上进行变化，形成多种样式。其中，无束腰结构吸收大梁木架结构特征，基本形式为直足，腿足为圆材，四足下端外撇，上端内收，配合直枨、罗锅枨结构（图 7-23）。有束腰结构受须弥座整体束腰形式的影响，在面板边框和牙条之间有明显的收缩部分，腿足多用方才，马蹄足，配合直枨、罗锅枨、十字枨、霸王枨等结构（图 7-24 和图 7-25）。其中，无束腰“圆材、直足”与有束腰“方材、马蹄足”这一规律除用在杌凳外，也普遍适用于其他家具上。另有一种形式为在直枨或罗锅枨与桌面之间加“矮老”或“卡子花”，用来装饰与支撑（图 7-26）。除以上两种基本形式外，还有圆凳、六方凳等。

图 7-23　无束腰直足直枨方凳

图 7-24　有束腰马蹄足罗锅枨长方凳

图 7-25　有束腰三弯腿霸王枨方凳

图 7-26　黄花梨无束腰直足罗锅枨加矮老方凳（明代）

除杌凳外，明代的凳还有长凳、交杌（马扎）、坐墩。坐墩常用于室外，在用材方面有木制、石制、漆制、瓷质等，保留着宋代坐墩上的开光、鼓钉形式。承德避暑山庄所藏的明代紫檀四开光坐墩（图 7-27），是明代家具的代表作之一，开光做圆角方形，开光与上下两圈鼓钉之间各起弦纹一道，鼓钉隐起。

椅类家具在明代发展最为突出，大体形制可分为靠背椅、扶手椅、圈椅、交椅四种形式。靠背椅的特点为只有靠背，没有扶手。靠背由搭脑、靠背板和两侧两根立材组成。搭脑有出头与不出头之分，在搭脑出头的形式中最常见的为灯挂椅（图 7-28）；搭脑不出头的称为一统碑椅。

图 7-27　紫檀四开光坐墩（明代）

图 7-28　灯挂椅

扶手椅是在靠背椅的基础上两侧带有扶手的椅子。常见的有官帽椅、玫瑰椅。官帽椅（图 7-29、图 7-30）因整体类似官帽前低后高的形式而得名。玫瑰椅（图 7-31）的靠背和扶手比较矮，高度差别不大，并与椅面垂直。其形体较小，多用黄花梨、铁力木制作，在明代广泛流行。腿足为圆材，扶手前弯处打磨挖圆，俗称挖烟袋锅（图 7-32）。常用雕花背板，卡子花、矮老。

图 7-29　无联帮棍四出头弯材官帽椅（明代）

图 7-30　带联邦棍南官帽椅（明代）

图 7-31　透雕靠背玫瑰椅（明代）

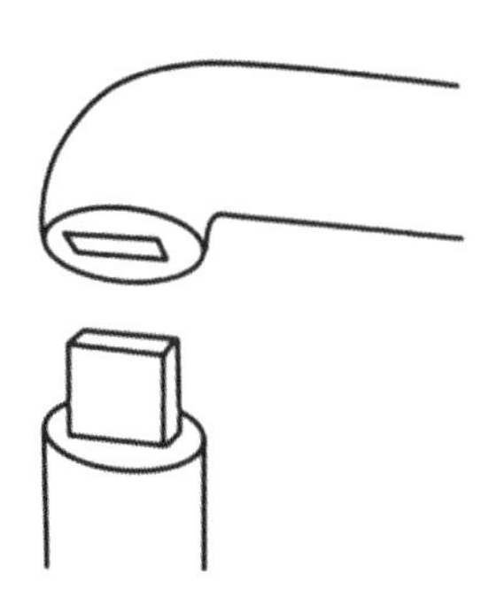

图 7-32　挖烟袋锅

圈椅（图 7-33）由交椅发展而来，其最明显的特征是圈背连着扶手，从高到低一顺而下，坐靠时上臂和肘部均有支撑，十分舒适。造型圆婉优美，体态丰满劲健，是独具特色的椅子样式之一。

交椅（图 7-34）是带有靠背的马扎，由胡床发展而成。交椅因两腿交叉可以折叠而得名，南宋时期制作已成熟，到明代十分流行。明代交椅有直背与圆背两种。圆背交椅一般陈设于中堂显要位置，俗语以"第一把交椅"来比喻人的权力、地位即从此而来。

图 7-33　黄花梨螭纹靠背圈椅（明代）

图 7-34　黄花梨如意云头纹交椅（明代）

2）几、案、桌。明代的"几"用来承置物品，根据用途不同主要包括条几、香几（图 7-35）、炕几、花几等。几的形式变化较多。

案，腿足不在四角，内缩，称为案形结体。案面两端伸出腿足以外，伸出部分称为“吊头”。根据案面形式分为平头案、翘头案。案面两端平齐称为“平头案”，案面两端有上翘的飞角称为“翘头案”（图 7-36）。

桌与案的最大区别在于腿足位于板面四角，称为桌形结体。桌分为无束腰和有束腰两种，大体结构形式类似杌凳。主要包括方桌、条桌、炕桌、书桌、琴桌、棋桌、供桌等。用途最广的为方桌，根据可供围坐的人数分为四仙桌、六仙桌、八仙桌几种尺寸。

图 7-35　五足带台座圆香几（明代）

3）床、榻。床榻发展到明朝，在造型和功能上有了明显的区别。这时垂足高坐的生活方式已经大为普及，床的作用退到内室，而且在形式上也越来越封闭，形成了床、帐结合而成的架子床。明清时期的床榻从形态来讲主要分为架子床、拔步床、罗汉床、板床与板榻。

图 7-36　翘头案（明代）

架子床通常三面装矮围子，床下四腿，床的四角有立柱，柱顶加盖成床顶，顶下周围有挂檐。有的床前两侧加两根柱子，做成门围，也有正面床沿装月洞门的形式。因为床的四周有带盖的架子，所以称为架子床（图 7-37）。

拔步床（图 7-38）在明朝晚期受到士大夫阶层的青睐，十分流行。拔步床的特别之处在于它在架子床的外面增加了一间“小木屋”。拔步床分为两个部分，第一个部分是架子床，第二个部分是架子床前面的围廊，围廊与架子床连成一个整体。床前有廊，廊里两侧可放置杌凳、坐墩等。这种床形体很大，床前有相对独立的活动范围。

明代的榻包括有围屏的榻和无围屏的板榻。现在称只有床身、床上没有围屏的为榻，三面围屏的榻为罗汉床。榻同样包括无束腰和有束腰两种主要形式，并遵循这两种形式的腿足规律。罗汉床的形体一般较大，长度在 2m 左右，宽 1m，造型上与带围屏的单人床或现代的沙发类似。上面一般摆放矮几，几的两侧铺设坐垫、隐囊。罗汉床最常见的形式为“三屏风式”（图 7-39），围板一般比较矮，有的围板左右与后板高度不一，做成前低后高的形式。

图 7-37 带门围架子床（明代）

图 7-38 拔步床（明代）

图 7-39 三屏风罗汉床（明代）

4）柜。箱、柜、橱到了明代有了空前的发展，尤其是柜和橱的发展，形成了新的造型风格。柜主要包括圆角柜（图 7-40）、方角柜、亮格柜、二件柜、四件柜等。亮格通常有券口牙子和栏杆花板做装饰，是明式家具中一种较典型的样式（图 7-41）。矮柜的形式是高比宽短的立柜，形式简洁，有三屉和四屉矮柜。

橱可以看成是案与柜的合体，主要形式有炕橱、闷户橱。闷户橱是一种既可承置也可储藏的家具，形似条案，有抽屉，抽屉下有箱体空间可以储物，上下不垂直，体积较大，取东西时都要将抽屉拿出，多在北方使用（图 7-42）。箱从样式上分为提盒、官皮箱、百宝箱等。装饰手法十分丰富，常用螺钿嵌、描金、剔红等手法。

图 7-40 紫檀大圆角柜（明代）

图 7-41 黄花梨雕龙纹券口带栏杆亮格柜（明代）

图 7-42 三联橱（明代）

（2）明代家具艺术特征

明代家具选用木材非常讲究，主要以黄花梨木、紫檀木、鸡翅木、乌木、红木、钱梨木等硬木为主，部分明代家具使用楠木、榉木等中等硬度的木材制成，多用于民间。硬木色泽柔和，纹理细密，木制坚实而有弹性，但出产不多，所以制器贵在省料，少用模断面，亦无需修漆，因此形成了明式家具轻巧、挺拔、简洁又具有木质肌理的特点，突显出自然之美，形成明代家具纯朴自然的独特艺术风格。

明代家具高低宽窄的比例以适用美观为出发点，线条造型流畅简洁，曲直相依、方圆相配，线形多样、极尽变化。明代家具以“线”为基本造型元素，同时与功能紧密联系在一起。例如扶手线设计由后向前渐渐向外弯转，借以加大座位的空间，至外端向内收后又向外撇，以便就座或起立。又如反S形靠背设计，一方面使曲线的走势符合人体结构，有助于纠正不合礼仪的身姿坐态；另一方面，将结构与轮廓线形统一调和。再如“搭脑”的柔和婉转，“翘头”的随势翼然而起，“口牙子”的充满弹性，“剑脊棱”的犀利笔挺。这一切又都贯穿在气脉流动的大轮廓中。

明代家具可分为有束腰和无束腰两大体系。有束腰结构来源于佛教建筑中须弥座整体的束腰形式，无束腰体系来源于建筑中的梁架结构，两者均受到建筑的影响。另外，明代家具制作工艺精密合理，全部以精密巧妙的榫卯部件结合，大平板则以攒边方法嵌入边框槽内，坚实牢固，能适应冷热干湿变化。榫卯为一凹一凸两个部件，凸出为榫，凹进为卯，两者相互咬合进行连接，而不用木钉。各个部件的连接方式有数十种榫卯，如格肩榫、格角榫、飘肩榫、棕角榫等。

明代家具以素面为主，局部饰以小面积漆雕或透雕，以繁衬简，贵在朴素而不寒俭，精美而不繁缛。通体轮廓及装饰讲究方中有圆，圆中有方，以及用线的一气贯通并有小的曲折变化。装饰图案大多比较雅逸超脱，工艺水平极高。图案的曲直大小常随家具形态变化或与结构部件融为一体。如各种牙子、券口、挡板、矮老、卡子花同时承担结构与装饰的作用。图案纹样既包括梅、兰、竹、菊、桃花、桂花、牡丹、海棠、石榴、松等植物花草，又包括历史故事与神话传说。同时形成了反映人们祈福避邪的吉祥图案，如以万字、盘长、方胜、回纹、如意头、灵芝、莲花、牡丹、佛手、石榴等相互组合形成的纹样，有龙凤呈祥、年年有余、四季平安、万事如意、福寿双全、五福捧寿等。

7.3.2 清代家具

在家具的型制上，清代初期沿袭了明代传统风格，但在康熙、雍正、乾隆三代，随着清朝经济由恢复阶段进入繁荣发展阶段，皇家苑囿、建筑的大量兴起，达官显贵的私家园林争奇斗艳，室内陈设逐渐走向了炫耀荣华富贵和竞相奢华。

（1）清代家具地方特色

清代家具依其产地不同形成地方特色，分为苏作、广作、京作。

苏州在明代已是家具的主要产区，所产家具造型清雅、婉约、简洁、朴素，且讲究用料，精工细作，惜料如金。清代苏作家具承袭明代特点，造型较广作、京作简约朴实；重凿工和磨工，技术精湛，雕刻面积一般较小；常以硬木做框，其他部位用碎料攒接，饰漆打磨，再雕刻镶嵌。其装饰题材一般采用名人画稿及传统纹样。

广州是我国海外贸易的重要港口和名贵木材的重要产地，因此广州的家具原材料丰富，用料阔绰、板材厚重，讲究纹理之美，很少用到拼接，弯曲转折部件多用整料挖制，且用料一致。在装饰上重雕刻、镶嵌，工艺烦琐，融合西方装饰纹样。

京作家具用料以紫檀、黄花梨和红酸枝等珍贵木材为主，用料比广式相对节省，比苏式相对大气。在造型上偏向广式的雍容华贵，大量运用雕刻工艺，装饰图案多从古代青铜器物上取材，如饕餮纹、螭纹等，雄厚威严，大量运用龙凤造型象征皇室权贵。家具造型凝重宽大、雍容华贵。

（2）清代家具装饰手法

清代家具以装饰繁缛、工艺精湛为特征，常用雕刻、镶嵌、漆绘等装饰形式。其中，以雕刻最为常用，透雕、浮雕或两者结合使用。常用于椅子背板、桌案牙条、床榻围屏等部位，特别是在清代中期以后达到顶峰。其次为镶嵌，材料有木、象牙、玉石、大理石、瓷、螺钿、珐琅、金银丝以及琥珀、玛瑙、珊瑚、宝石等。其中螺钿嵌在清代得到很大发展，极具特色，常和漆搭配使用，并有厚螺钿和薄螺钿之分，其工艺有平嵌和凸嵌，以平嵌螺钿居多。镶嵌工艺中，百宝嵌也极具特色，多用宝石、珊瑚、螺钿、玉石、玛瑙、象牙、绿松石等材料组成整个画面，并巧妙运用相近颜色质感的材料来对应画面中的对象特征。另外，清代家具中常用描金和彩绘，有金银漆彩绘、朱漆彩绘、黑漆描金等工艺。

清代家具常用的装饰纹样有龙、凤、云纹、回纹、万字纹、绳纹、博古、四时景色、楼台人物、花鸟鱼虫等。尤其回纹使用最多，是清代家具最具代表性的装饰纹样，在椅子背板、扶手、腿足，以及桌案的牙条、牙头等部位使用，以至于人们常用回纹装饰作为辨别是否为清式家具的依据。

（3）清代家具形式特征

1）床、榻。清代床榻结构继承明式的特点，但体量较明式大，有的床加有床屉，用料粗重，并表现出工艺复杂、雕饰繁缛的特点，与明代家具简洁、温厚的特征极为不同。皇室贵族则多以紫檀木制造，刻有龙凤等图案，在架子床的床顶上加有雕饰吉祥图案的飘檐（图 7-43）。罗汉床的雕刻工艺更加繁复，大面积饰雕，围的数量有三、五、七不等，有的以玉石、大理石、金漆彩绘、螺钿为装饰（图 7-44 和图 7-45）。

2）椅、凳。苏式凳子大体延续明代风格，京式凳子多做细节装饰，雕刻烦琐。凳有长方凳、方凳、梅花凳、海棠凳等，并具有无托泥、开光等区别。材质包括紫檀木、红木、花梨木等，坐面还有镶嵌大理石的做法；贵族使用的凳还有镶嵌珐琅、玉石的。清代坐墩一般为四面装饰，极为精致，常见五开光坐墩，形体瘦高，也有矮胖型的，鼓腹的鼓墩。

图 7-43　雕花拔步床（清代同治时期）

图 7-44　紫檀透雕荷花纹罗汉床（清代中期）

图 7-45　紫檀嵌瓷心罗汉床（清代初期）

清代椅子用料粗重厚实，椅背处雕饰烦琐。清代圈椅出现了在圈椅腿足处大量运用回纹的做法，椅背处常用回纹线雕、蝙蝠倒挂纹或其他纹饰，腿足有直腿和三弯腿两种。清代宝座（图7-46）体型庞大，因是皇家用品，所以在体量、用料、工艺上都极为讲究。常用大型木料做成，一般都带拖泥和脚踏。装饰上透雕、浮雕相结合，常见蟠龙纹，并配以回纹、莲瓣纹、云龙等，再贴金箔、嵌珠宝、涂金漆，铺锦垫，极尽奢华。宝座后面常配屏风，成为王权的象征。太师椅（图7-47）是清代很有特色的家具，且十分流行，一般置于客厅、书房，依墙以桌、几为中心对称布局。

图7-46　木胎黑漆描金有束腰带托泥大宝座（清代）

图7-47　红木嵌大理石太师椅（清代晚期）

3）桌、几案。清代桌子以名称多为特征，并且擅用装饰。有八仙桌、膳桌、供桌、琴桌、棋桌、炕桌、麻将桌、油桌等。其中八仙桌常用大理石镶嵌桌面，四面有透雕牙板，极富装饰性。清代圆桌的发展也更为多样化，有五足、六足、八足不等。特别出现了桌下独腿的样式，上面用花角牙支撑桌面，下面为站牙抵住圆柱，与下面的脚踏连接起稳定作用。上下节圆柱有轴套接，桌面可转动（图7-48）。炕桌、炕几在清代应用广泛，放于炕、床、榻上使用，在北方地区十分流行（图7-49）。几的种类繁多，有香几、花几、茶几、盘几、套几等，形式有高矮、方圆，变化丰富，多用浮雕镂刻等进行装饰。案的变化在清代主要体现在装饰和体量上，一般体量较大并雕饰精美。

4）架、格。清代架、格类家具发展繁荣，博古架、书架、盆架、灯架、巾架、鸟笼架等常用于室内陈设，用料讲究、做工精致。博古架是清代最具特色的架格类家具，类似书架，设有不同样式的许多小格，每格放置一件古玩或器皿，具有陈设和收藏的作用（图 7-50），迎合了清代贵族喜欢收藏古玩的兴趣爱好。另外，面盆架在清代也十分精致，镶嵌珊瑚、玛瑙、琥珀、螺钿、象牙、玉石等，称为“百宝嵌”，有四足或六足，与巾架连为一体；巾架有的中间带有花牌子，搭脑出挑，雕有云纹、凤头，以两组米字形横枨连接架柱，将面盆放于上层的米字横枨上（图 7-51）。

图 7-48 百灵台（清代）

图 7-49 紫檀束腰罗锅枨螺钿炕桌（清代中晚期）

图 7-50 乌木书柜式多宝格（清代中晚期）

图 7-51 黄花梨百宝嵌高面盆架（清代）

清代家具在室内的布置方法上，多把长案设于正堂迎面，案前放方桌，左右置太师椅，床放在卧室的一端，左右设小长桌。内厅正中设炕床，左右放几案、琴桌，也有在室内中心位置上设一圆桌与凳的。园林家具则多以对称式布局。

这一时期，还出现了各式各样的新型家具，如多功能陈列柜、折叠和拆装桌椅等，并把板壁、落地罩、花罩、栏杆罩以及博古架、书架、帷幔等用来做室内的隔断，且在室内出现了很多灵活多变的陈设，如书画、挂屏、文玩、器皿、盆景、陶瓷、楹联、灯烛、帐幔等，这些都成了室内设计的内容。

7.4 陈设

明代的许多手工艺在技术和艺术上都有显著进步，规模空前且在全国发展，是工艺美术史上继汉唐宋时期之后又一个高峰期。这时已形成各个工艺品种的著名生产中心，如景德镇的陶瓷、处州的龙泉青瓷、苏杭的丝织、松江的棉织、芜湖的印染、遵化的炼铁、益都的玻璃等。明代还出现了不少著名的工艺家，如紫砂陶的供春、时大彬，雕玉的陆子冈，刻竹的三朱，金漆的杨埙，刺绣的韩希孟，棉布的丁娘子等。康熙、雍正、乾隆三个历史时期，陶瓷、染织、漆器、雕刻等都有所发展。

明代丝织业发展有官方机构和民间作坊两种形式。官府设置的织染局主要生产御用品，同时管理民间织染作坊，无论是生产规模还是产品种类都胜于前代（图7-52）。南京、北京均设有官方织染局和大规模生产机房，在苏州地区设织造局，各地设“蓝靛所”。到洪武年间，四川、山西、绍兴等重要丝织产区设染织局。民间染织作坊遍及全国，苏州、杭州、湖州、成都、河南、山西等都是当时重要的丝织业发展地区。

图7-52　蓝地牡丹织金缎（明代）

明代布的种类繁多，有标布、三梭布、扣布、番布、丁娘子布、稀布、绫布、云布、衲布、锦布、紫花布、斜纹布、药斑布等。较为著名的有邑城丁娘子布、三林塘标布、青龙药斑布，以及极为畅销的三梭布。明代染色工业发展繁荣，设立颜料局、织染所，有专门的染匠，染色业遍及全国，以芜湖最为发达。

清代染织业主要集中于苏州、南京、杭州、湖州、广东、四川、山东等地，以江浙地区最为突出。据《蚕桑萃编》记载，清代丝织品名目繁多，“缎”有浣花、摹本、提花、妆花；“锦”有云锦、蜀锦、回回锦；“绸”有宁绸、宫绸、纺绸；“绉”有洋绉、平绉；“罗”有金银罗、生熟罗；“纱”有宫纱、亮纱；“绢”有生熟、大小等。

元代出现的青花和釉里红釉下彩、钴蓝釉和铜红釉单色釉等工艺，为明代彩瓷和单色釉取得辉煌成就奠定了基础。明代陶瓷继承了宋元时期的工艺传统，并有所发展和创新。景德镇窑代表了明代瓷器工艺的最高水平，青花仍是当时中国瓷器的主流产品；以成化斗彩为代表的彩绘瓷器，是中国陶瓷史上空前的杰作；永乐、宣德年间釉色纯正的铜红釉等单色釉，则表明烧成技术进一步成熟。另外，德化窑白瓷瓷塑（图7-53和图7-54）和宜兴紫砂工艺也都取得了较高的艺术成就。明代陶瓷无论在品质上还是审美上，均表明中国陶瓷发展进入了又一个繁盛时期（图7-55、图7-56）。

图7-53　白釉鹤鹿仙人像（明代）

图7-54　白瓷观音坐像（明代）

图7-55　正德青花阿拉伯文烛台（明代）

图7-56　正德青花阿拉伯文七孔花插（明代）

清代秉承明代制瓷工艺发展的成果，制瓷手工业也随之进入其发展的黄金时期（图 7-57、图 7-58）。清代康熙、雍正、乾隆三朝皇帝都对瓷器钟爱有加，这对瓷器工艺的发展有着非常积极的推动作用。康熙皇帝十分爱好西洋的科学、技术、医学和艺术，当时用西洋进口的珐琅彩料绘制的瓷胎画珐琅器，对粉彩瓷器的创造有着直接影响（图 7-59、图 7-60）。雍正皇帝则直接干预瓷器的生产，决定瓷器的造型和装饰。乾隆皇帝甚至把自己的字画作品也烧制在瓷器上。

图 7-57　釉下三彩山水纹笔筒（清代）

图 7-58　青花釉里红云龙纹天球瓶（清代）

图 7-59　粉彩蟠桃纹天球瓶（清代）

图 7-60　珐琅彩诗句菊花纹瓶（清代）

明清两代的金属工艺普遍发展，金、银、铜、铁、锡等各类制品使用广泛，并有出色的新兴品种和划时代的成就。明代皇家设有“铸冶局”，专制御用器皿及兵器。民间有行业作坊，制造日用品和工具。酒具、香炉、烛台等极为普遍，最突出的是宣德炉（图 7-61）和景泰蓝（图 7-62），极富时代特色。

图7-61　铜冲耳乳足炉（明代）

图7-62　掐丝珐琅番莲纹盒（明代景泰年间）

清代冶炼业比较发达，除传统制品外，还出现了锻铁工艺和钟表工艺。北京、苏州、广州、云南等地以制铜工艺著名。“苏州样、广州匠”为人称道，云南“白铜面盆”有“惟滇制最天下”之誉。宫廷铜制品，多做庭园点缀和室内陈设，制作方法有模铸、焊接、捶打、錾刻、镂雕、圆塑、鎏金、镶嵌等。大型的铜制品有“铜狮”“铜鹤”（图7-63）和“铜龟”（北京故宫），铜雕龙、凤、鳞、雀以及铜亭（北京颐和园）。民间铜器有脸盆、灯盏、壶、盘、勺、匙、文玩等。装饰以錾花为主，纹样有喜鹊闹梅、凤穿牡丹、八宝、八吉等。如金弥勒菩萨像（图7-64），此弥勒菩萨像面部丰润饱满，神态安详平和，造型优雅，做工精致，为清代金佛像中的精品，反映了清代乾隆时期金属工艺的水平。

图7-63　铜鹤（清代）

图7-64　金弥勒菩萨像（清代）

铁画的制作起源于宋代，盛行于北宋。清代康熙年间，安徽芜湖铁画自成一体，并逐渐享誉四海，是中国工艺美术百花园中的一朵奇葩。铁画又名“铁花”，是安徽芜湖著名的传统手工艺，以低碳钢为材料，依画稿制成“装饰画”。题材有人物、山水、花鸟等，形式有立体式和半立体式。品种除立轴、中堂、横幅和条屏（一般都用外框）外，还有合四面以成一灯的铁画灯。

明代的髹漆工艺全面发展，工艺技法已有14大类，近400个品种，达到了“千文万华，纷然不可胜识”的程度。清代在继承明代工艺的基础上又有进一步发展，某些品种在造型和制作技术上达到了登峰造极的境地，进一步推动了漆器制造业的发展。

明清时期漆器有一色漆器、罩漆、描漆、描金（图7-65）、堆漆、填漆、雕填、螺钿（图7-66）、犀皮、剔红、剔彩、款彩、戗金、百宝嵌等。一色漆器多见于宫廷用具，制作精良。明清时期宫殿中的宝座、屏风多用罩金髹，金碧辉煌。明清时期漆器中应用最多的是剔红。明清两代髹漆工艺与建筑、家具、陈设相结合，并由实用转向陈设装饰领域，进入了以斑斓、复饰、填嵌、纹间等技法为基本工艺的千文万华的新时代。

图7-65　描金云龙纹黑漆药柜（明代万历年间）

明代以官办手工业为主的漆器生产方式，在清代已被民营手工业所取代。各地的民间漆艺作坊，在长期的生产实践中，逐渐形成了具有鲜明地方特色的漆艺门类。如苏州的雕漆、扬州的螺钿镶嵌、福州的脱胎漆等。故宫藏清代漆器达万余件，多是宫廷御用品，代表了清代漆工艺的最高水平。

图 7-66　黑漆嵌螺钿云龙纹大案（明代）

明清时期是玉雕艺术的新高峰，鬼斧神工的琢玉技巧发挥到极致，山水林壑集于一处且利用玉皮俏色巧琢，匠心独运，集历代玉雕之大成。明代有官作、民作。北京玉雕在“御用监”下设有玉作，从事玉器的制作，以供宫室使用；在民间，苏州是著名产地。所谓“良玉虽集京师，工巧则推苏郡”。明代的玉雕制作为各种器皿，如杯、碗、瓶、花插（图 7-67）等，前期比较简练自然，后期多采用吉祥内容和神仙题材。

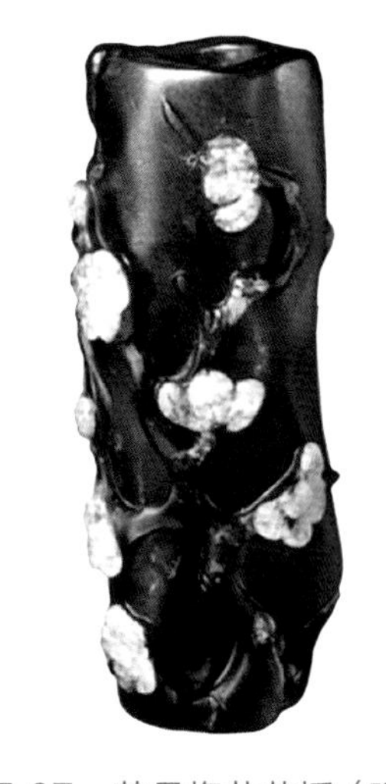

图 7-67　茶晶梅花花插（明代）

乾隆时期，清代玉器工艺达到了极盛时期。设计注重造型向情景交融方面发展，尤其是绘画性题材纹饰受到清院画影响，总的风格均较繁褥精细，丰富饱满。还有用大块头的玉材碾成各种雕琢简练而又能显示玉质美的器物，如大禹治水图玉山（图 7-68），达到了远看有效果、近看耐人寻味的程度。

牙雕于乾隆年间最为繁盛，形成北京、广东两个派系。北京牙雕由宫中“如意馆”玉匠兼作，民间也有专业作坊，著名作品有“群仙祝寿景雕”等。牙雕有染色和拼镶等技法，象牙球已能刻制十余层。广东牙雕“工聚业精、流播闺阁”，畅销全国各地。犀雕著名艺人为信甫，代表作品为“龙犀杯”。

明代南方竹雕形成地区风格，有“嘉定三朱”，即万历年间的朱鹤（松邻）、朱缨（小松）、朱稚征（三松）祖孙三人，他们同秦一爵、沈大生等为“嘉定派”，雕刻方法有线刻、浮雕、透雕、留青、镶嵌等技艺（图 7-69）。

图 7-68　大禹治水图玉山（清代）

清代竹雕工艺十分发达，制作技法分为竹刻、留青、翻簧等，形成嘉定派和金陵派。嘉定派著名艺人有吴之璠、封锡璋、封锡禄、施天章、沈兼、尚勋、周颢等。金陵派著名艺人有潘西凤、方洁等。留青即皮雕，利用竹青外表作为装饰，著名艺人有张希黄。翻簧是乾隆后期流行的一个品种，它是将竹子去掉青皮，经热水煮后压平，制成器皿，如盒、瓶等，然后在其加工后的竹簧上进行细雕，由于簧色温润，所以有象牙的质感。典型作品有“竹簧透雕小柜”。竹编丝细如绣，品种有万不断、胡椒眼、铰链纹、雪花纹等。

图 7-69　“朱鹤”款竹刻松鹤图笔筒（明代）

参考文献

［1］ 梁思成．中国建筑史［M］．天津：百花文艺出版社，2005.

［2］ 刘敦桢．中国古代建筑史［M］．北京：中国建筑工业出版社，1984.

［3］ 郭承波．中外室内设计史［M］．北京：机械工业出版社，2007.

［4］ 周维权．中国古典园林史［M］．北京：清华大学出版社，2010.

［5］ 潘谷西．中国建筑史［M］．7 版．北京：中国建筑工业出版社，2015.

［6］ 李砚祖，王春雨．室内设计史［M］．北京：中国建筑工业出版社，2013.

［7］ 高祥生．室内陈设设计［M］．南京：江苏科学技术出版社，2004.

［8］ 赵农．中国艺术设计史［M］．西安：陕西人民美术出版社，2004.

［9］ 侯幼彬．中国建筑美学［M］．哈尔滨：黑龙江科学技术出版社，1997.